AF599470

CSIC

CATARATA

Princesas y abejas en el reino de las matemáticas

David Martín de Diego

Catálogo de Publicaciones de la Administración General del Estado:
https://cpage.mpr.gob.es

MINISTERIO
DE CIENCIA, INNOVACIÓN
Y UNIVERSIDADES

http://editorial.csic.es
editorialcsic@csic.es

Zurbano, 76
28010 Madrid
Tel. 91 532 20 77
www.catarata.org

isbn (csic): 978-84-00-11497-8
isbn electrónico (csic): 978-84-00-11498-5
isbn (catarata): 978-84-1067-433-2
isbn electrónico (catarata): 978-84-1067-434-9
nipo: 155-25-142-6
nipo electrónico: 155-25-143-1
depósito legal: M-19.672-2025
thema: PDZ/PB/PBX

Índice

Prólogo

Proponemos en este libro un paseo, que esperamos sea entretenido, por el mundo de las matemáticas y algunas de sus historias, tan humanas.

El libro, una edición ampliada del libro *Princesas, abejas y matemáticas* (2011), girará en torno a aspectos que son cruciales para comprender la naturaleza que nos rodea, que solo puede ser entendida utilizando las matemáticas. No en vano, estas son el lenguaje que describe a aquella. La naturaleza que observamos está regida por el principio de la selección natural y, en particular, por la economización de recursos. No es infrecuente que nos surjan preguntas del siguiente tipo: ¿cómo minimizar el uso necesario de estos recursos?, ¿cómo llegar a un destino en el mínimo tiempo? Preguntas que tienen que ver con problemas en los que hay que decidir, entre un conjunto limitado de posibilidades, aquella solución que nos minimiza o nos maximiza el objetivo que se quiere lograr. La naturaleza se basa obviamente en esos principios; pero no solo ella, pues en la ingeniería también son muy actuales estas preguntas. Muchas de nuestras construcciones y artefactos tecnológicos se diseñan y construyen para responder adecuadamente a dichas cuestiones.

Nuestro paseo será breve e incompleto, y lejos del rigor académico, pero se intentará que resulte ameno. Lo haremos de la mano de princesas que probablemente sean bien conocidas por los aficionados a la historia, como Dido y Helena, y también de princesas alemanas aprendiendo ciencia de la mano de un genio. También será interesante para nuestros propósitos el mundo de las abejas, lo que nos ayudará a dar un poco de misterio al relato y, quizá, alguien se anime a comprar el libro para ver en dónde acaba este supuesto galimatías.

Normalmente, cuando pensamos en princesas lo hacemos, en el mejor de los casos, imaginando un mundo lleno de fantasía, imaginación y belleza. En el peor de los casos, y quizá más ajustado a la realidad, pensamos en una vida privilegiada, en historias de celos, peleas y disputas por ocupar el trono y poder reinar, pese a quien pese. No estarán lejos de ninguna de estas visiones las dos primeras princesas que descubriremos a lo largo de la lectura.

Posteriormente, de la mano de una princesa alemana, hablaremos de uno de los autores más geniales y prolíficos de la historia, Leonhard Euler, que nos ayudará a entender con más detalle cómo se describen matemáticamente las leyes de la naturaleza.

Más ordenada y disciplinada es, sin duda, la realeza en el mundo animal. En concreto, hablaremos del mundo de las abejas y de su "sagacidad" para ahorrar recursos en la construcción de los panales. Una administración tan óptima en su economía que dejaría en mal lugar a nuestros gestores económicos, aunque, bien mirado, esto último no parece un objetivo complicado.

En el fondo, estaremos hablando de matemáticas, una disciplina que a muchos hace temblar, pero que si hubiésemos sido capaces de acercarnos a ella con algo de ternura y una pizca de ilusión, habríamos descubierto un mundo tamizado de los más bellos colores. Las matemáticas son un arte que nos puede llegar a apasionar. La visión de una demostración matemática puede ser tan hermosa como una puesta de sol o el más bello cuadro de la mejor pinacoteca. Para ello, hay que conocer a fondo la paleta de pinturas, cómo mezclar los colores, las técnicas, que son todo aquello que nos explicaron machaconamente en la escuela. Pasado ese aprendizaje, quizá costoso, nuestras mentes se abrirán para contemplar este incomparable mundo que son las matemáticas. No solo son bellas; además, las matemáticas son increíble y sorprendentemente útiles. Su herramienta favorita, nos llaman las otras ciencias. Mucho más que eso, parece que el universo físico solo tiene una manera de expresarse, de darse a conocer, y es por medio de las matemáticas. Ahora, en los tiempos de la inteligencia artificial, las matemáticas juegan cada vez un papel aún más protagonista y central.

Agradezco a mis amigos Edith, Sonia y Manuel su paciente lectura y consejos. A Mónika, Laura, Marina, Miriam, Diego, Oreo y a mis padres, su ayuda y cariñosa comprensión durante los meses dedicados a este libro.

CAPÍTULO 1

La princesa Dido sí sabe elegir

Antes de empezar a hablar de matemáticas y ecuaciones, y así no perder lectores y lectoras anticipadamente, comenzaremos este capítulo con una de las más bellas obras literarias de la Antigüedad, la *Eneida*. Esta célebre epopeya fue escrita por el poeta romano Virgilio en el siglo I antes de Cristo. En ella se relatan las tribulaciones del héroe troyano Eneas tras la caída de la ciudad de Troya a manos de los aqueos (en el siguiente capítulo tendremos tiempo para repasar esta historia). En un momento de su viaje, Eneas y sus seguidores arriban a la costa de Túnez y, allí, la diosa Venus, a la postre madre de Eneas, le explica dónde está. Dejemos a la incomparable diosa Venus que se explique ella misma:

> [...] Viendo estás los púnicos dominios, los tirios y la ciudad de Agenor; estos son los lindes africanos, poblados por una raza muy belicosa. Rige este imperio la reina Dido, que abandonó su ciudad de Tiro, huyendo de su hermano; larga es la historia de estas disensiones, muchos sus accidentes, pero solo recordaré los puntos principales. Era Dido esposa de Siqueo, el más rico señor de tierras entre los fenicios, y a quien profesaba la infeliz grande amor; virgen se la había dado su padre al unirla con él bajo felices auspicios; pero, como reinase en Tiro su hermano Pigmalión, el más perverso de los hombres, suscitándose entre ellos un odio terrible, y el impío Pigmalión, ciego con el amor del oro, asesinó al

desprevenido Siqueo delante de los altares, despreciando el dolor de su amante hermana. Por largo tiempo tuvo encubierto el crimen, e inventando mil pretextos, burló con vanas esperanzas a la triste esposa; mas vio esta en sueños la imagen de su marido insepulto, el cual, levantando la faz maravillosamente pálida, le descubrió su pecho traspasado por el hierro al pie del ara, y le reveló todo el oculto crimen de su familia. Persuádela enseguida a acelerar la fuga y abandonar su patria, y para auxilio del viaje le descubre antiguos tesoros que tenía enterrados, en cantidad inmensa de plata y oro. Agitada con esto Dido, preparaba su fuga y reunía los que habían de acompañarla, señalados entre los que más detestaban o temían al tirano; apodéranse de unas naves que por dicha estaban aparejadas, y las cargan de oro; las riquezas del avaro Pigmalión van por el mar, y una mujer capitanea la empresa. Llegaron los fugitivos a estos sitios, donde ahora ves las altas murallas y el alcázar, ya comenzado a levantar, de la nueva Cartago, y compraron una porción de terreno, tal que pudiera toda ella cercarse con la piel de un toro, de donde le vino el nombre de Birsa.

Las reflexiones acerca del dinero como causa de desgracias, sobre los matrimonios de conveniencia y acerca del, siempre cuestionable, amor fraterno son sin duda lícitas, pero no es ahí donde deseamos poner nuestro énfasis hoy. Queremos poner el acento en la última frase.

Vemos que Dido, entonces princesa fenicia, compra el terreno que pudiese ser cubierto con una piel de toro. ¡Mal negocio!, pensaremos, y así lo razonó el vendedor, el rey Jarbas de Numidia. Pero la muy astuta princesa Dido cortó en finas tiras la piel del animal y las unió formando una cuerda de considerable longitud, de unos 2000 metros. Luego, la extendió de modo que *cubriese la mayor superficie* y allí fundó la ciudad de Cartago. Lo que nos importa de esta historia no es la cara que se le quedó al tal Jarbas, ¡aunque merecería la pena haberla visto!, sino la curva que formó la tira de piel al ser extendida por la princesa. La forma, como se podría haber intuido, fue la de *un arco de circunferencia.*

Imaginemos que la princesa Dido trazase con las tiras de piel una circunferencia completa, y supongamos que midiese exactamente 2000 metros de longitud; entonces habría adquirido un terreno de unas 32 hectáreas. Si en cambio las hubiese dispuesto en un cuadrado, el área obtenida habría sido de unas 25 hectáreas, ¡bastante menor! Además, si Dido hubiese aprovechado la línea de costa, como es de esperar, entonces, al trazar una semicircunferencia, el área obtenida sería de casi ¡64 hectáreas! Buen negocio inmobiliario, diríamos en el lenguaje de hoy día.

Alguna persona, algo *resabidilla*, todo hay que decirlo, habrá observado que en el texto de Virgilio no aparece mención a la estrategia empleada por la princesa Dido. ¡Cierto! Esta aparece en la *Historiarum Philippicarum* del historiador romano Marco Juniano Justino, que nos relata cómo Dido cortó la piel en esas finísimas tiras.

Como evidentemente este no es un libro sobre historia antigua, es hora ya de que empecemos con un poco de matemáticas básicas. ¡No cierre el libro, no sea impaciente, deme una oportunidad! Seguramente sabrá que la circunferencia es la curva del plano que está formada por el conjunto de puntos que distan una cantidad fija (el radio de la circunferencia) de un punto fijado (el centro). El problema que intuitivamente había resuelto nuestra princesa Dido era el siguiente:

Problema isoperimétrico: entre todas las curvas planas cerradas que tienen una longitud fija (curvas isoperimétricas) determinar la que encierra la mayor área en su interior.

Uno podría decir que *es fácil* intuir que la curva buscada era la circunferencia pero, como veremos, la prueba rigurosa llevó varios siglos hasta ser completada. En efecto, en este caso, la intuición acierta, *es la circunferencia*, pero en matemáticas es frecuente encontrarse ejemplos donde la intuición nos engaña y es necesario seguir los pasos lógicos e inapelables del razonamiento matemático. Veremos algunos ejemplos de ello más tarde.

Versiones del problema de la reina Dido se suceden en todos los lugares del mundo. Por ejemplo, la siguiente historia nos lleva a las islas británicas, al parecer fundadas, según la leyenda, por un nieto de Eneas… ¡El mundo es tan pequeño! Allí, tras la salida de los romanos, el rey Vortingern (siglo V d. C.) invita al jefe de los sajones, Hengist, a que lo ayude militarmente y le entrega a cambio de sus servicios tierras fértiles en el este, de tal modo… que pudiesen cubrirse con la piel de un buey. ¡Craso error!, como bien sabemos ya.

Las tierras ganadas no eran baldías, como bien las describe el siempre genial Jorge Luis Borges, poniendo estas palabras en boca de Hengist:

> Me place el reino que gané con la espada:
> hay ríos para el remo y para la red y largos veranos
> y tierra para el arado y para la hacienda.

La historia continúa con el rey Arturo y Merlín, pero ese tema nos hace desviarnos un tanto de nuestro relato, aunque, si no recuerdo mal, en ese asunto había una tabla redonda y…

¡Ya me centro! Volviendo al problema isoperimétrico, vemos que este muestra una interesante relación entre el perímetro y el área, es decir, entre la longitud de una curva cerrada y el área contenida en el interior de ella. Esta relación sutil ya fue objeto de atención de los antiguos griegos y, a veces, motivo de perplejidad y asombro. El gran historiador Polibio de Megalópolis (200-118 a. C.) describe, con ciertas dosis de humor, este asunto en su célebre *Historia universal bajo la República romana*:

> […] para el buen éxito de las empresas y acciones militares se necesita el estudio de la geometría, no quiero decir perfecto, pero al menos el que baste para tener conocimiento de las proporciones y relaciones… La mayor parte de los hombres infiere la magnitud de una ciudad o de un campo por la circunferencia. Por eso cuando oyen que Lacedemonia,

que tiene cuarenta y ocho estadios de circuito, es doble mayor que Megalópolis, teniendo esta cincuenta, les parece haber oído un absurdo. Y si alguno, por aumentar la dificultad, añade que es dable que una ciudad o un campo de cuarenta estadios de circuito sea doble mayor que otro de ciento, esto para ellos es una paradoja. Ello proviene de que no se acuerdan de los principios de geometría que aprendieron cuando muchachos. Me ha movido a tratar de esta materia el ver que no solo el vulgo, sino también los magistrados y algunos de los que gobiernan ejércitos, se sorprenden y admiran al considerar unas veces cómo pueda ser que Esparta sea mayor, y aun mucho mayor que Megalópolis con una circunferencia más corta... Esto se ha dicho por aquellos que, a pesar de ignorar y extrañar estas materias, pretenden con todo mandar ejércitos y gobernar pueblos.

Pasan los siglos y las palabras de Polibio siguen siendo tan verdaderas ahora como antes. Mejor no hacer un test a nuestros dirigentes actuales sobre sus conocimientos de geometría. ¡Quizá lleguemos a envidiar los tiempos de Polibio!

Como dato histórico curioso, podemos reseñar que Polibio acompañó a su amigo y pupilo Escipión en la destrucción definitiva de la ciudad isoperimétrica de Cartago durante la tercera, y definitiva, guerra púnica. ¡No hay respeto hacia las matemáticas!

Quizá, uno de los intentos más serios para encontrar una prueba rigurosa del problema isoperimétrico fue dado por el matemático suizo Jakob Steiner (1796-1863), muchísimos años después, en concreto en 1836. La infancia de Steiner fue difícil, pues tuvo que ayudar a sus padres en la granja, por lo que aprendió a leer y a escribir a la ya tardía edad de 14 años. A los 18 años ingresó en la escuela del pedagogo innovador Heinrich Pestalozzi, donde se le introdujo rápidamente en el mundo de las matemáticas. Desde allí marchó a Alemania, llegando a ser profesor de las muy prestigiosas universidades de Könisberg y Berlín. Destacó por su labor en la sistematización de la geometría, especialmente en el desarrollo de la geometría proyectiva.

Trataremos de describir, de un modo sencillo, algunos de los ingredientes esenciales del intento de prueba dado por

Steiner al problema isoperimétrico antes enunciado. Por ejemplo, se basó en algunos resultados geométricos bien conocidos y sencillos de demostrar, como son los siguientes:

- Cualquier triángulo inscrito en una circunferencia (esto es, con los tres vértices en la circunferencia) que tiene un diámetro como lado es un triángulo rectángulo (aquel con uno de sus ángulos recto, es decir, de 90°).

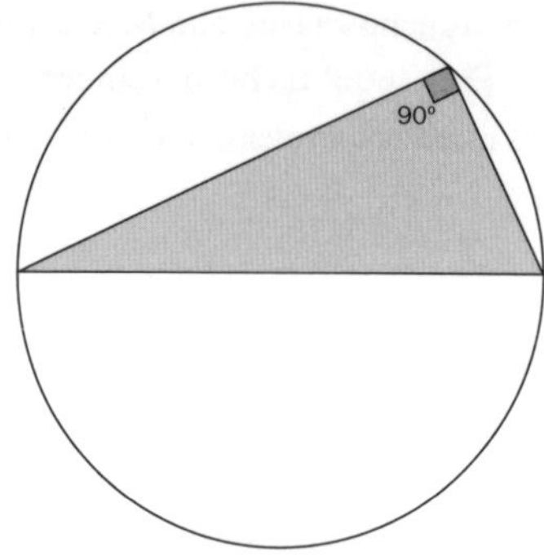

- Entre todos los triángulos con dos lados de una misma longitud, el que tiene mayor área es el triángulo rectángulo que tiene a estos lados iniciales como lados perpendiculares.

El razonamiento de Steiner sigue *suponiendo la existencia de una solución* del problema isoperimétrico y, utilizando una astuta argucia mecánica, llega a que la curva solución del problema debe ser la circunferencia. La *prueba* de Steiner tiene una indudable belleza y se puede seguir con matemáticas que se conocen desde la educación secundaria.

Estaba, pues, más que justificado el orgullo de Steiner al haber conseguido una bella prueba geométrica del ya famoso problema isoperimétrico. Sin embargo, su felicidad no iba a durar mucho. Otro gran matemático contemporáneo suyo, Johann Peter Gustav Lejeune Dirichlet (1805-1859), en lo sucesivo, y para respirar adecuadamente, Dirichlet a secas, presentó una objeción a la prueba de Steiner. Era la siguiente. Durante toda la demostración de Steiner se había supuesto la existencia de una solución del problema, pero bien podría ocurrir que no hubiese ninguna, argüía Dirichlet.

Puede que alguna persona en este punto se desespere y se pregunte: pero... ¿cómo no va a haber solución? ¡Si es evidente!, ¡es la circunferencia!... ¡Cuidado! Y, sobre todo, calma... Además, ¡está usted arrugando las páginas del libro! En la demostración matemática rigurosa no hay sitio para evidencias e intuiciones si no se formalizan con pasos rigurosos y lógicos.

De este modo, la demostración de Steiner estaba incompleta. No fue hasta la segunda mitad de siglo cuando el matemático alemán Karl Weierstrass (1815-1897) dio una prueba completa del problema isoperimétrico. Weierstrass nunca publicó el resultado, quizá por su salud extremadamente frágil. De hecho, desde 1860, dictaba sus clases sentado mientras uno de sus alumnos escribía lo que les decía en la pizarra. No pensemos que los alumnos de licenciatura de matemáticas son alumnos al uso, al menos, estos alumnos alemanes. Estos, mucho más aplicados, mantuvieron las notas del curso con todo el detalle y, así, se ha podido rescatar la prueba dada por Weierstrass al problema isoperimétrico.

Algún profesor de secundaria habrá sentido estupor, y quizá envidia, pensando en alumnos tan aplicados y disciplinados. Pero, en cualquier caso, lo que también nos debe resultar muy sorprendente es cómo un problema de enunciado tan sencillo, como el isoperimétrico, requiere matemáticas tan complicadas para su demostración. De hecho, hace falta una formación matemática universitaria para seguirla.

Así lo comenta el gran matemático húngaro George Pólya (1887-1985) en su libro *Matemáticas y razonamiento plausible*: “El problema isoperimétrico, profundamente arraigado en nuestra experiencia e intuición, tan fácil de conjeturar, pero nada sencillo de demostrar, es una fuente inagotable de inspiración”.

Enunciado sencillo pero... demostración difícil; esta frase parece inherente a las matemáticas. De hecho, muchos problemas aparentemente simples no han conseguido ser demostrados aún. Citemos una pequeña e incompleta lista de estos problemas:

- Todo número par, mayor que dos, se escribe como suma de dos números primos (conjetura de Goldbach). Así, por ejemplo:

  $4 = 2 + 2, 6 = 3 + 3, 8 = 3 + 5, 10 = 3 + 7,$
  $12 = 5 + 7, 14 = 3 + 11 \ldots$

  ¿Será cierto para cualquier número par? Nadie lo sabe de momento, aunque se ha comprobado computacionalmente para números extraordinariamente grandes, pero… al haber infinitos números pares, la prueba de la conjetura sigue estando aún muy lejos.
- La conjetura del $3x + 1$ o conjetura de Collatz. Establece lo siguiente: toma un número natural arbitrario n. Si n es par se divide por 2; si n es impar, se multiplica por 3 y se añade 1. Se repite el proceso con el resultado obtenido. La conjetura consiste en que, independientemente del número en el que se empiece, siempre vamos a acabar alcanzando el número 1. Ejemplos:

  $12 \rightarrow 6 \rightarrow 3 \rightarrow 10 \rightarrow 5 \rightarrow 16 \rightarrow 8 \rightarrow 4 \rightarrow 2 \rightarrow 1$
  $7 \rightarrow 22 \rightarrow 11 \rightarrow 34 \rightarrow 17 \rightarrow 52 \rightarrow 26 \rightarrow 13 \rightarrow 40 \rightarrow 20 \rightarrow$
  $\rightarrow 10 \rightarrow 5 \rightarrow 16 \rightarrow 8 \rightarrow 4 \rightarrow 2 \rightarrow 1$

  Tampoco se sabe si es cierto.
- Se ha demostrado que el número π es irracional, así como el número e (véase capítulo 5 para más información acerca de estos dos números). ¿Lo serán también $\pi + e$ o $\pi - e$? No se sabe.
- El problema de los números primos gemelos: ¿existen infinitas parejas de números primos (p_1, p_2) tales que $p_2 = p_1 + 2$? Por ejemplo: (3, 5), (5, 7), (11, 13), (17, 19), (29, 31), (41, 43)…

Ya se han encontrado parejas con decenas de miles de dígitos, pero el problema sigue abierto, como solemos decir los matemáticos.

Y así un largo etcétera.

Cualquiera que consiga probar uno solo de estos resultados alcanzará la fama eterna. Solo una recomendación: antes de abordarlos directamente, conviene estudiar las matemáticas relacionadas con ellos. La resolución de los grandes problemas de las matemáticas suele parecerse a la escalada de una escarpada montaña. Hay intentos buscando la cara buena, muchos van abriendo rutas iniciales que nos acercan a la cima, otros mueren en el camino… En cualquier caso, la solución del problema suele estar asociada a una idea genial al alcance de muy pocos. Uno de los mayores genios de la ciencia, si no el que más, Isaac Newton, reconocía en una carta dirigida a Robert Hooke: "Si he visto más lejos es porque estoy sentado sobre los hombros de gigantes".

Pero… dejémonos de divagaciones y volvamos a nuestro asunto original: el problema isoperimétrico. Como hemos visto, la dificultad principal surgió en el problema de existencia de una solución, el resto se podía demostrar de un modo más o menos sencillo. El problema de la existencia de soluciones ha sido crucial en el desarrollo de las matemáticas en los problemas en los que se trata de buscar máximos y mínimos, como nuestro problema isoperimétrico, dando lugar a los llamados métodos directos en cálculo de variaciones (más tarde, hablaremos someramente de ello). En esta área influyeron los más grandes matemáticos del momento: Weierstrass, Schwarz, Poincaré, Hilbert, etc., siendo un campo de investigación en desarrollo en la actualidad.

Como estoy casi seguro de que algún lector o lectora todavía continúa indignado con el tema de la necesidad de probar la existencia de una solución, vamos a relatar la historia de otro resultado matemático también interesante: el problema de Kakeya. Este matemático japonés hizo, sin ningún rubor, la siguiente pregunta en el año 1917: "¿Cuál es la región de área más pequeña en la que una aguja de longitud 1 puede ser rotada 360 grados?".

Incluso Kakeya se permitió la licencia de conjeturar que el área debía ser de $\frac{\pi}{8}$ (el área contenida en la curva hipocicloide, curva que ya explicaremos más tarde al hablar de otra de las princesas de este libro). Era, sin duda, una muy buena conjetura pero… ¡estaba equivocado! La solución del problema fue dada por el matemático ruso Abram Samoilovitch Besicovitch (1891-1970) en 1927, que demostró un resultado totalmente sorprendente: había curvas que limitaban una región de área tan pequeña como se quisiera en las que podía girar la aguja. En otras palabras, ¡el problema no tenía solución!, a pesar de que nuestra intuición nos dice lo contrario.

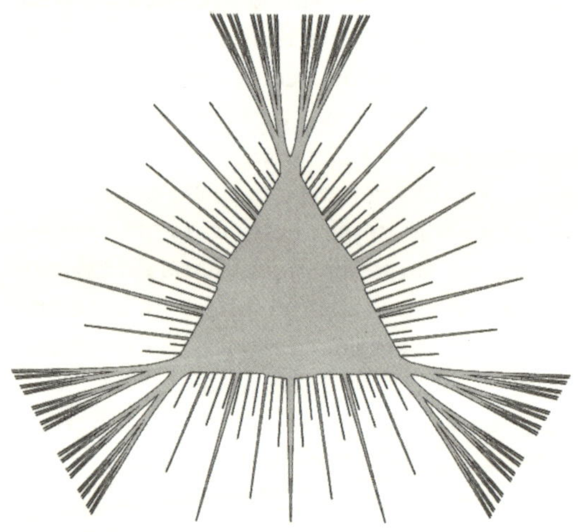

Como ya hemos visto, este contratiempo no surge en nuestro problema original de la princesa Dido. Podemos afirmar ya con rotundidad que: *de entre todas las curvas cerradas con el mismo perímetro es la circunferencia la única curva que delimita el área máxima.*

Quizá podamos seguir avanzando un poco más en este resultado y suponiendo que no han llegado hasta aquí en su lectura los editores del libro, tal vez hasta me atreva a poner alguna fórmula.

Si llamamos L a la longitud de una circunferencia y A al área comprendida tendremos que:

$$L = 2\pi r,$$
$$A = \pi r^2,$$

donde r es el radio de la circunferencia. Estas son fórmulas que ya deberíamos conocer de la escuela. Por tanto, para el caso de la circunferencia obtenemos la siguiente relación:

$$A = \frac{1}{4\pi} L^2.$$

Otras curvas cerradas distintas de igual longitud deben dar un área contenida menor, a tenor de lo que hemos explicado del problema isoperimétrico. Por tanto, en general, tenemos para cualquier curva cerrada la célebre *desigualdad isoperimétrica*:

$$A \leq \frac{1}{4\pi} L^2.$$

La igualdad solamente se verificará en el caso de la circunferencia como hemos visto. Hay otros modos interesantes de escribir esta desigualdad. Por ejemplo:

$$L \geq 2\sqrt{\pi A},$$

dándose la igualdad solamente cuando el dominio es un círculo. Y así se deduce un resultado interesante, dual, del problema isoperimétrico que hemos expuesto: *de entre todas las regiones del plano con la misma superficie, el círculo es aquel que tiene menor perímetro.*

Aquí, por región plana nos referimos a aquella comprendida por una curva plana cerrada.

CURVA	LONGITUD L EN m	ÁREA A EN m^2	ÁREA A EN m^2	LONGITUD L EN m
Triángulo equilátero	1	0,0481	1	4,559
Cuadrado	1	0,0625	1	4
Hexágono regular	1	0,0721	1	3,7224
Dodecágono regular	1	0,0777	1	3,5683
Circunferencia	1	0,0795	1	3,5449

Las observaciones de la tabla adjunta nos permiten ver cómo varía el área cuando el perímetro es fijo (parte izquierda de la tabla) y, también, la variación del perímetro, cuando el área está fijada.

Obsérvese que, cuando el perímetro está fijado, el área se hace mayor en la circunferencia, en comparación con algunos polígonos regulares (es decir, con los lados iguales).

Estas comparativas ya vienen de muy antiguo, y así nos han llegado del análisis del matemático griego Zenodoro, que vivió en el siglo II a. C. Probó resultados como que, entre todos los polígonos de igual perímetro y del mismo número de lados, el polígono regular es el que tiene el área mayor; asimismo, que la circunferencia contiene más área que cualquier polígono regular del mismo perímetro (véase el capítulo 4). De todos modos, sobre Zenodoro y otro gran geómetra griego, Pappus, hablaremos más adelante, cuando relatemos la relación entre el mundo de las abejas y las matemáticas. En cualquier caso, estas aproximaciones siempre quedan lejos de la demostración del problema isoperimétrico, como ya vimos anteriormente.

Es interesante notar que existe una generalización de la desigualdad isoperimétrica en tres dimensiones, dando una relación entre el volumen y la superficie. Esta relación es:

$$V^2 \leq \frac{S^3}{36\pi},$$

verificándose la igualdad en el caso de la esfera (no hay más que sustituir los valores $V = \frac{4}{3}\pi r^3$ y $S = 4\pi r^2$, que corresponden a una esfera de radio r). El uso intuitivo de esta propiedad ha salvado la vida a más de un esquimal, que construyen sus iglús como una semiesfera, de tal modo que mantengan el máximo volumen interior con la mínima superficie expuesta al frío exterior.

De Cartago al Polo Norte, parece un buen momento para acabar este capítulo y hablar sobre otra de nuestras princesas.

CAPÍTULO 2

La princesa Helena de las matemáticas

Uno de los libros fundamentales de la literatura es, sin duda, la *Ilíada* de Homero, escrito hacia el siglo VIII a. C. Como sabemos, o deberíamos saber, en ella se describe la guerra de Troya. Una historia llena de valerosos héroes, amor y celos, mitología, engaño, venganza y algún que otro caballo de madera. Sin duda, un relato atractivo para el mundo del cine.

No es de extrañar que en 2004 se filmase *Troya*, la megaproducción hollywoodiense. Las motivaciones de los espectadores para ver esta película pueden ser muy variadas: la belleza de los actores y actrices (muchos), el brillante espectáculo (algunos) o conocer la historia de la guerra de Troya (unos pocos y muy despistados). Lo seguro es que los que ya habían leído la obra original de Homero, después de ver la película, habrán llorado amargamente.

Pero no hemos venido aquí para realizar crítica de cine; estamos interesados en las matemáticas. En la historia de la *Ilíada*, uno de los personajes que nos habrán llamado la atención es la princesa Helena, la bella mujer causante de la guerra de Troya. Destacamos estas dos facetas, una maravillosa belleza y, también, provocadora indirecta de muchos conflictos.

La Helena sobre la que queremos hablar en este capítulo no es una mujer, pero, al igual que su tocaya, es de una exuberante belleza y causa de innumerables y cruentos conflictos.

Pero, entonces, ¿quién o qué es esta nueva Helena? Nuestra Helena es una curva.

Que nadie se decepcione anticipadamente, en el capítulo intentaremos mostrar no solo su incomparable belleza, sino la importancia de esta *princesa de las matemáticas.*

¿Cómo se construye la curva que hemos llamado la Helena de la geometría? La Helena de la geometría es una curva que se llama la *cicloide.* Es muy fácil entender cómo se construye. Imagine la cubierta de la rueda de una bicicleta y pinte sobre ella un punto de color vivo de modo que lo vea bien de lado. Este punto describirá una curva a medida que la bicicleta se mueva por una carretera recta.

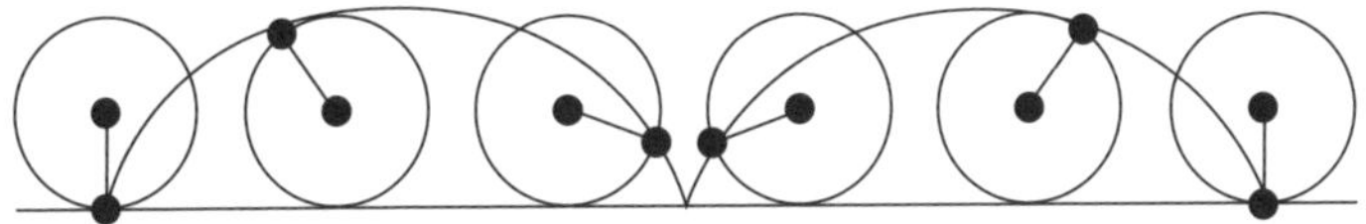

La curva que va trazando es la que llamamos la cicloide.

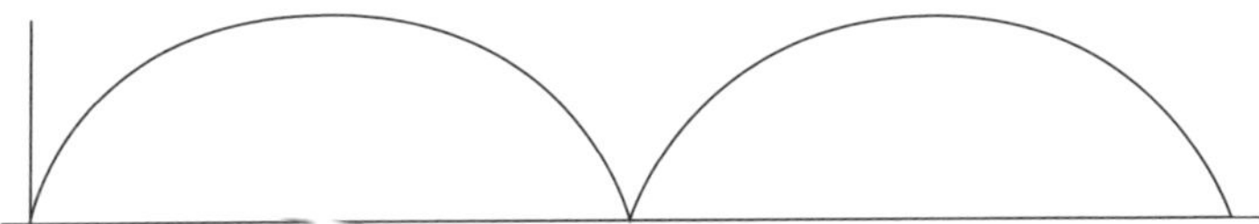

Utilizando este mismo truco se pueden formar otras curvas muy interesantes, como, por ejemplo, la *hipocicloide*, que ya mencionamos unas páginas antes en la imaginación de un matemático japonés. Esta curva se forma al rodar la rueda dentro de otra rueda.

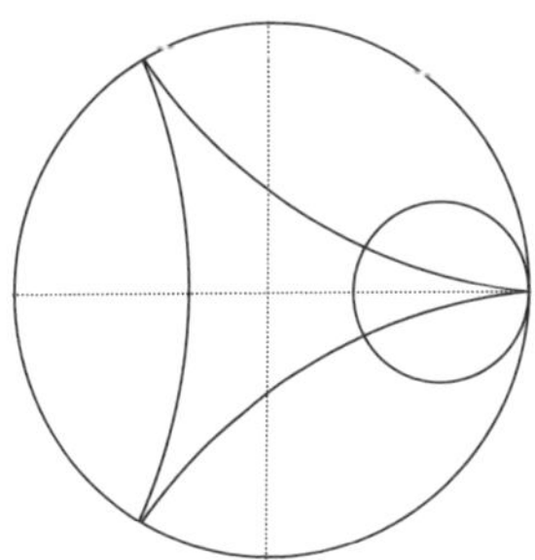

Así, se pueden describir curvas muy interesantes, pero aquí solo hablaremos de la cicloide, la Helena de la geometría. La cicloide tiene multitud de propiedades bellísimas que a muchos nos han sorprendido cuando las hemos descubierto y nos han llevado a amar y disfrutar de las matemáticas. Además, no es descabellado decir que la cicloide está detrás de desarrollos científicos que han derivado en nuestra actual sociedad tecnológica. Justifiquemos ambas aseveraciones, que pueden sonar un tanto arriesgadas.

En primer lugar, ¿por qué la llamamos Helena? Su belleza ya empezamos a vislumbrarla, pero, además, ella provocó tremendas disputas entre los matemáticos, peleas de celos discutiendo la prioridad en el descubrimiento de tal o cual propiedad de la cicloide, acusaciones de plagio, etc. Empecemos, sin más preámbulos, a relatar esta historia tan conflictiva de la cicloide.

La infancia de Helena

Como hemos visto, la cicloide está generada por el movimiento de una rueda. La rueda ya fue inventada hacia el año 3000 a. C. y, así, no es ni mucho menos insensato pensar que la cicloide hubiese sido conocida en el pasado remoto. Sin embargo, una de las primeras referencias fidedignas aparece en la obra de Charles de Bouvelles (1472-1553), quien usó la cicloide en su búsqueda de una demostración mecánica al viejo problema de la cuadratura del círculo[1].

Galileo Galilei (1564-1642) fue uno de los primeros que se interesó seriamente por la cicloide. Una de las preguntas que se planteó fue relacionar el área o superficie cubierta por un arco de cicloide con el área del círculo que está rodando.

1. La cuadratura del círculo consiste en el problema de encontrar, solamente con regla y compás, un cuadrado que tenga la misma área que un círculo dado. El problema se demostró que era irresoluble, dado que el número π es trascendente (véase el capítulo 5).

Incapaz de encontrar un método para calcular el área, construyó figuras de metal con la forma de la cicloide y las cortó; después las pesó y las comparó con el peso del círculo rodante y, finalmente, obtuvo un valor próximo a 3. Dado que de la circunferencia surge uno de los números más bellos de las matemáticas, el número π, aproximadamente, 3,1416 (π da la relación entre la longitud de la circunferencia y su diámetro, como comentaremos en el capítulo 5), Galileo supuso que la relación entre el área de la cicloide y del círculo debía ser el número π.

En una carta de Galileo a Cavalieri en 1640, escribe las siguientes palabras sobre la cicloide: "Hace más de cincuenta años, tuve constancia de esta curva y quise describirla, admirándola, pues es la curva más bella, adaptable a los arcos de un puente. Hice muchos cálculos de ella y del espacio comprendido entre ella y su cuerda, para intentar demostrar alguna propiedad. Parecía, en principio, que tal espacio debería ser tres veces el círculo que ella describe, pero no era ese". Se equivocaba Galileo, pues el valor era exactamente 3. Es curioso ver que el experimento daba aproximadamente el resultado real, pero la intuición matemática de Galileo le llevó a una respuesta errónea.

En 1630, el padre Marin Mersenne (1555-1648), en contacto con muchos matemáticos de la época, propone que la cicloide debe ser la curva en la que se deberían testar los nuevos métodos matemáticos que se estaban desarrollando en el momento. El guante estaba tendido, las mentes matemáticas más afiladas del momento se aprestaban para el combate.

¿Quién sería el primero en descubrir las partes más íntimas de nuestra Helena? Recuérdese que es una curva, así que... ¡no se escandalice!

Primer conflicto: Roberval contra Torricelli

En la solución del problema de la relación entre ambas áreas, la comprendida entre el arco de la cicloide y el círculo, tuvo que aparecer un matemático francés para dar la demostración correcta en 1628. Estamos hablando de Giles Personne de Roberval (1602-1675), Roberval en lo sucesivo. Comenzó a estudiar matemáticas a la edad de 14 años, cuando el párroco de la Rhuis, pequeño municipio de la Picardía, se percató de su gran capacidad intelectual. Después de estos estudios, comienza a viajar por Francia, dando clases de matemáticas y entrando en contacto con las mejores mentes del momento: Pierre de Fermat, Marin Mersenne o Blaise Pascal, entre otros muchos. Llegado a París, en 1628, comienza una etapa de estudio y desarrollo de nuevas técnicas matemáticas que le llevó a obtener una posición de profesor en el Colegio Gervais en 1632. Finalmente, ocupó una plaza de profesor en el prestigioso Colegio de Francia, posición que debía renovar cada tres años en dura competencia. Esta fue la razón de las escasas publicaciones de Roberval a lo largo de su vida, pues debía mantener en secreto las técnicas matemáticas que dominaba y que había sido capaz de desarrollar, para así poder ganar *fácilmente* a sus competidores en la lucha por mantener la plaza en el Colegio de Francia. Fue, además, miembro fundador de la Academia Real de Ciencias en 1666; más tarde, Academia de Ciencias, tras la Revolución francesa.

Roberval destacó por el desarrollo de técnicas muy potentes en integración, usadas para el cálculo de áreas de superficies (cuadraturas) y volúmenes de sólidos (cubaturas). Citamos su *Tratado sobre los indivisibles* publicado en 1693, muchos años después de su muerte.

Esta noción de indivisible fue inicialmente desarrollada por el matemático y jesuita italiano Bonaventura Cavalieri (1598-1647), considerando que una figura plana estaba constituida por una infinidad de segmentos y un volumen, por una infinidad de porciones de planos paralelos. De este modo, un cilindro sería una colección infinita de círculos paralelos a su base. Con este modo de razonamiento, tendríamos que el volumen de un conjunto de monedas bien o mal apiladas sería siempre el mismo. Así, si en dos sólidos de igual altura, las secciones realizadas por planos paralelos y a la misma distancia de sus respectivas bases son siempre iguales, entonces los volúmenes de los dos sólidos son iguales.

Con esta idea de indivisibles, a pesar de la imprecisión inherente en su definición, se comenzaron a abordar problemas de cálculo de áreas de superficies y volúmenes de sólidos, retomando los razonamientos heurísticos de Arquímedes ¡dos mil años más tarde! Con estos métodos, Cavalieri fue capaz de calcular el área de ciertas parábolas generalizadas; matemáticamente, de las curvas $y = x^n$, con $n = 3, 4, 5, 6$ y 9 e infiriendo la fórmula general.

La Iglesia católica, de siempre poco avezada en temas científicos, prohibió en 1649 la enseñanza de estos indivisibles en los colegios jesuitas. Afortunadamente, este injustificado temor hacia el infinito no impidió el desarrollo del ya incipiente cálculo diferencial e integral.

Estamos, por tanto, en los comienzos en los que se iban a fraguar conceptos fundamentales en las matemáticas modernas: límites, derivadas, integrales, etc., culminando con la gran obra de las matemáticas, el cálculo infinitesimal. Pero dejemos estas historias para más tarde y volvamos a nuestro personaje.

Roberval, trabajando independientemente, fue mucho más allá, usando métodos aritméticos, en vez de las disquisiciones geométricas de Cavalieri. Ello contribuyó a incrementar la potencia de esta novedosa técnica de los indivisibles. En palabras del propio Roberval: "[...] la infinidad de líneas representa la infinidad de pequeñas superficies que constituyen la superficie total. La infinidad de superficies representa la infinidad de pequeños sólidos que representan el sólido total". Utilizando sus técnicas, en 1634 Roberval fue capaz de resolver el problema de la cuadratura de la cicloide, mostrando rigurosamente que el área bajo un arco de la cicloide es igual a tres veces el área del círculo que la genera (es decir, la rueda). ¡Asombrosa y bella propiedad! ¡Exactamente tres veces!

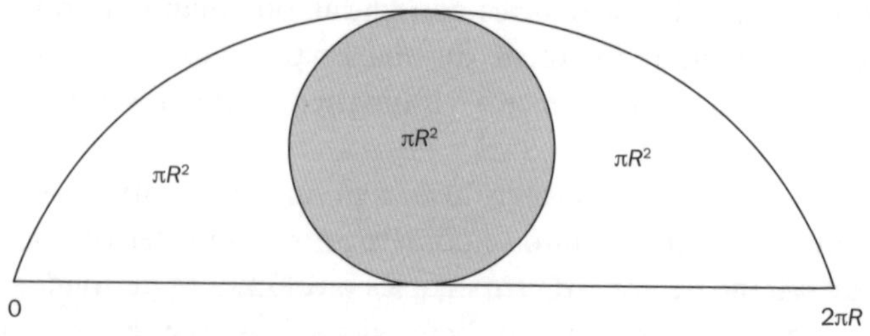

En 1638 fue capaz de describir la línea tangente a cada punto de la cicloide y, además, pudo encontrar el volumen generado cuando la región comprendida entre un arco de la cicloide rota sobre la línea base.

Dejemos por un momento descansar a Roberval, pues ya le hace falta, y giremos nuestra atención hacia Italia. Allí encontramos a Evangelista Torricelli (1608-1647). Nacido en Faenza, sus padres, al darse cuenta del talento de su hijo y no tener recursos, lo enviaron con su tío, que era un monje camaldulense (benedictino). Este se ocupó de su formación y le hizo entrar en un colegio jesuita, donde estudió matemáticas y filosofía. Más tarde, fue a Roma para estudiar con Benedetto Castelli, en la Universidad de la Sapienza, materias como matemáticas, mecánica, hidráulica, astronomía, también bajo la influencia del gran Galileo. Tras el periodo de formación, comienza una etapa extraordinariamente productiva que culmina en 1641 con sus mejores resultados, que fueron publicados con posterioridad, en su *Opera Geometrica* en 1644. Entre sus logros encontramos, por ejemplo, un tratado sobre el movimiento parabólico de proyectiles que impresiona al propio Galileo. En ese mismo año, 1641, Torricelli recibió una invitación para trabajar como asistente del ya anciano Galileo en Florencia, pero este falleció a los pocos meses.

Se atribuye a Torricelli la invención del barómetro y el haber sido la primera persona en recrear el vacío en experimentos. Pero, volviendo al tema que nos concierne, sus aportaciones a la geometría fueron determinantes en el desarrollo del futuro cálculo integral. En particular, aprendió la geometría de los indivisibles del ya mencionado Cavalieri, convenciéndose pronto del increíble potencial de estas nuevas técnicas y comenzándolas a desarrollar por sí mismo. Entre sus logros, el cálculo del centro de gravedad y el área (cuadratura) de la cicloide, nuestra Helena. Escribe Torricelli en su *Opera Geometrica*: "Ahora nos preguntamos cuál es la proporción que el espacio cicloidal tiene con su círculo generante. Demostramos (y damos gracias por ello a Dios) que es el triple".

El lector comprende ahora la causa del conflicto, dos matemáticos probando al mismo tiempo un resultado. Roberval, de carácter bastante agrio, se enfureció con Torricelli por publicar la solución de un problema que él consideraba suya. Con maldad evidente, mandó una carta que circuló por los ámbitos científicos en la que acusaba a Torricelli de plagio.

¡No hay mayor estigma que esta acusación para un científico! Se llegó a comentar que el inmenso disgusto por esta afrenta fue la causa de la muerte de Torricelli en 1647, aunque al parecer murió por otras causas. Hoy sabemos que ambos, Roberval y Torricelli, probaron el resultado independientemente.

Hemos relatado este conflicto provocado por nuestra Helena, con una posible víctima mortal. Pasemos ahora al siguiente.

Segundo conflicto: Descartes y Fermat

Tener una persona como Descartes en liza supone, casi directamente, la presencia de las críticas más aceradas contra sus contrincantes.

El filósofo y matemático francés René Descartes (1596-1650) empezó desde temprana edad a familiarizarse con la filosofía aristotélica y las matemáticas. Como tenía una salud bastante endeble, adquirió la sana costumbre de levantarse hacia las 11 de la mañana. Costumbre que, acertadamente, mantuvo casi toda su vida, pero no toda, lo que evidentemente le conllevó desastrosas consecuencias.

En 1616, Descartes se licencia en derecho por la Universidad de Poitiers. Desde ese momento, comienza a viajar por toda Europa (Holanda, Alemania, Hungría, Francia, Italia, etc.), manteniendo contacto con el mundo científico de la época. En junio de 1637 se publicó en francés y, de forma anónima, el *Discurso del método*. Es una obra trascendental de la filosofía con también una enorme influencia en las matemáticas, debido a uno de los apéndices del libro, titulado *La geometría*. En él, Descartes propone un sistema que permite usar el álgebra para resolver problemas de geometría, creando una poderosa herramienta —la geometría analítica— que unió dos áreas de las matemáticas hasta ese momento separadas.

De hecho, la noción de coordenadas fue introducida rigurosamente en *La geometría*, con la definición de unos ejes coordenados, que podían ser oblicuos. Cuenta la leyenda que Descartes —que acostumbraba a estar mucho tiempo tumbado en su cama por motivos de salud— ideó este concepto al preguntarse cómo podría describir la posición de una mosca que se posaba en su techo. Decidió que las esquinas del techo podrían servir como referencia para indicar de forma precisa el lugar en el que estaba el insecto, solo con unos números —su distancia, medida perpendicularmente, a una esquina vertical y a otra horizontal—.

De este modo, la geometría analítica permite explorar las propiedades de un objeto geométrico realizando cálculos algebraicos directamente en la ecuación que lo describe. Esto permitió utilizar toda la potencia del álgebra para tratar conceptos hasta ese momento muy escurridizos, que solo se estudiaban con los métodos de la geometría clásica de la antigua Grecia. También, Descartes pudo afirmar que todas las ecuaciones cuadráticas —es decir, las ecuaciones polinómicas de grado dos, como $x^2 + y^2 = 1$— corresponden a las cónicas introducidas por Apolonio.

Por otro lado, con esta nueva herramienta fue posible obtener nuevos objetos geométricos, desconocidos hasta ese momento, simplemente modificando una ecuación dada o empleando diferentes operaciones algebraicas. Así, se podían clasificar las curvas en "geométricas", si es posible escribirlas como un polinomio de dos variables igual a cero, o "mecánicas" —"trascendentes", según Gottfried Leibniz—, en caso contrario. Descartes no dio especial importancia a esta distinción, aunque esto abrió nuevas tierras inexploradas en las matemáticas años más tarde.

Lo que sí es indudable es que la excelente formación matemática de Descartes se refleja en todos sus escritos y en su forma de pensar.

En sus propias palabras: "La larga concatenación de razonamientos sencillos y simples que utilizan los geómetras para lograr demostraciones muy difíciles me permite imaginar que en todas las materias en las que se usa la mente humana deberían interrelacionarse de la misma manera". De ahí su postulado de que la verdad científica no se establece por el razonamiento dialéctico, sino por una deducción racional basada en la evidencia empírica.

Invitado por la reina Cristina de Suecia en 1649 para ser su tutor, Descartes se traslada a Estocolmo. Allí, la combinación de la frágil salud de Descartes, el frío inherente a estas inhóspitas regiones y la malsana costumbre de la reina de imponer que las clases comenzasen a las 5 de la mañana acabaron prontamente con la vida de Descartes (¡y, obviamente, de cualquiera!).

Descartes era un personaje arrollador, siempre buscando la aclamación, publicando gran cantidad de trabajos y dedicando toda su atención a sus investigaciones. Ni tiempo dejó para la familia, aunque tuvo una hija con una de sus sirvientas. No solía citar los trabajos de otras personas en sus publicaciones, utilizando además un lenguaje extraordinariamente ofensivo para referirse a los trabajos que le disgustaban. Con revisores así, ¡cualquiera se atreve a mandar un artículo para publicar!

Una de las personas que fue objeto de las iras de Descartes fue Pierre de Fermat (1601-1665). Nacido en Beaumont-de-Lomagne, al sur de Francia, realizó estudios de derecho posiblemente en las universidades de Toulouse y de Orleans, comenzando desde temprana edad a interesarse por las matemáticas. En cualquier caso, Fermat nunca fue un matemático profesional, pues su trabajo era el de magistrado, al que dedicaba la mayor parte de su tiempo. Esta fue la razón de que no publicase nada de una forma coherente y ordenada. Frecuentemente aparecían sus cálculos en márgenes de libros o en cartas enviadas a sus amigos.

En este último sentido, todos recordamos su célebre teorema que nos dice que la ecuación $x^n + y^n = z^n$ no tiene soluciones enteras distintas de la solución cero cuando n es estrictamente mayor que 2. Este teorema aparece en el margen de su copia de la *Aritmética* de Diofanto. Además, en el mismo, Fermat escribe: "Tengo una demostración maravillosa de este resultado pero este margen es demasiado pequeño para contenerlo".

Probablemente no fuese verdad que tuviese una prueba, pues la demostración de este teorema representó un auténtico *tour de force* de la matemática. Solamente se consiguió dar una demostración correcta en tiempos recientes, en concreto, en 1995, por el matemático Andrew Wiles, que por ello ha pasado con derecho propio al Olimpo de las matemáticas.

Una de las obras de Fermat que desempeñará un papel crucial en nuestro relato será su *Método para determinar máximos y mínimos y tangentes a curvas planas*, y que fue blanco de las iras de Descartes.

Pero, antes de detenernos en esta polémica, permítame una breve digresión. Esta nos lleva a Holanda, donde, en 1621, el astrónomo y matemático Willebrord Snell (1580-1626) enuncia la ley de refracción de la luz. Como sabrán, este fenómeno se produce cuando la luz pasa de un medio a otro teniendo densidades ópticas diferentes (como el aire y el agua), sufriendo el rayo de luz un cambio de velocidad y de dirección, en el caso de que no incida perpendicularmente en la superficie.

La ley de Snell nos dice que el producto del índice de refracción n_1 del primer medio por el seno del ángulo de incidencia θ_1 es igual al producto del índice de refracción del segundo medio n_2 por el seno del ángulo de refracción θ_2. Es decir:

$n_1 \text{sen}\theta_1 = n_2 \text{sen}\theta_2$

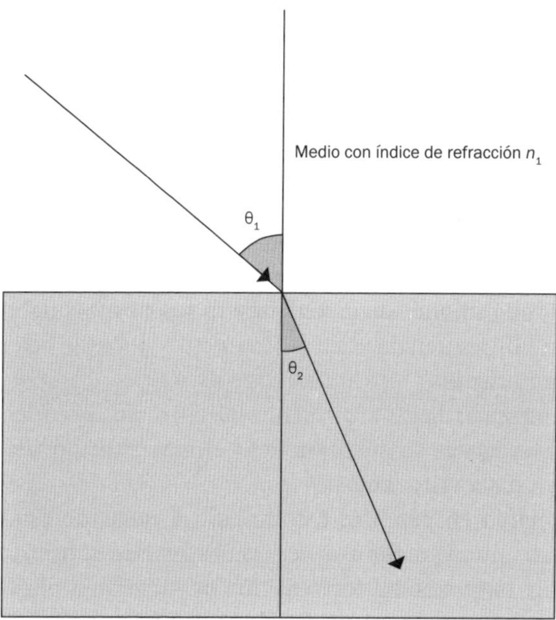

En la siguiente tabla vemos algunos valores de índices de refracción para diferentes medios:

SUSTANCIA	INDICE DE REFRACCIÓN
Azúcar	1,56
Diamante	2,417
Mica	1,56-1,60
Benceno	1,504
Glicerina	1,47
Agua	1,333
Alcohol etílico	1,362
Aceite de oliva	1,46

El gran logro de Fermat fue probar este principio de Snell, basándose en el principio de que la luz siempre sigue el camino más corto entre dos puntos, siendo este ahora un principio fundamental de la óptica. Esta justificación, que era la correcta, chocaba con la descripción de Descartes sobre la refracción de la luz dada en *La Dioptrique*, lo que provocó un duro enfrentamiento entre ambos.

Volviendo a nuestra Helena, esta también provocó una agria polémica entre Descartes y Fermat, esta vez sobre el problema de dibujar las rectas tangentes a la cicloide. Ambos mostraron diferentes técnicas para afrontar este reto. Descartes resolvió el problema de forma geométrica, sustituyendo el círculo que rueda por el rodamiento de "un polígono de cien mil millones de lados", según sus propias palabras y, como consecuencia, su razonamiento debería valer también para el círculo.

Fermat también llegó a la respuesta correcta. Pero, en palabras de Descartes, su solución era "el más ridículo sinsentido que yo haya visto jamás".

¡No era parco en palabras Descartes! La causa de estas confrontaciones puede tener que ver con la falta de consenso en la noción de tangente. La formulación de tangente utilizada por Fermat llevaba a la actual noción de posición límite de una recta secante a la curva, en contraposición a la noción más clásica y geométrica de Descartes.

Veamos, como ilustración, cómo hacía los cálculos Fermat en su solución al siguiente problema:

Problema: dado un segmento, dividirlo en dos partes de modo que el producto de las partes sea máximo.

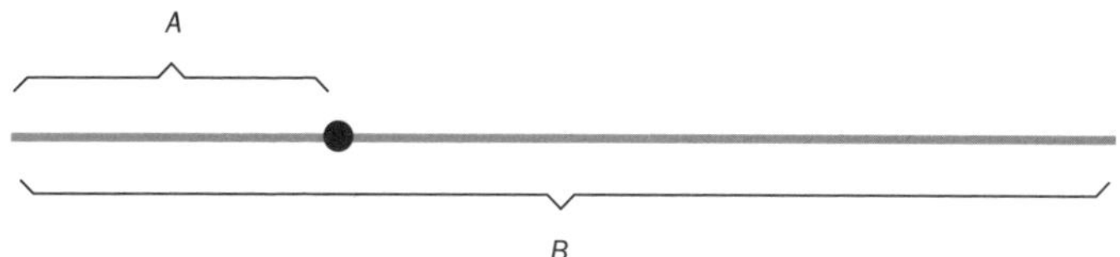

Para demostrarlo, supone que el segmento mide en total B y la primera parte en la que lo dividimos mide A, por tanto, la restante mide $B-A$. Tenemos que buscar el valor máximo de $A\,(B-A) = AB-A^2$. Fermat sabía que el máximo debía ser esencialmente único. Así que, si hubiese otra solución designada por $A+E$ y $B-(A+E) = B-A-E$, su producto $(A+E)(B-A-E) = AB-A^2-2AE+BE-E^2$ debe ser igual a $AB-A^2$. De este modo:

$$AB-A^2-2AE+BE-E^2 = AB-A^2.$$

Simplificando, llegamos a que:

$$2AE+E^2 = BE.$$

Dividiendo por E, tenemos que $2A+E=B$. Fermat ahora suprime la E y llega a que $2A=B$. Es decir, la solución consiste en dividir al segmento por la mitad.

Vemos algo que nos pondría muy nerviosos actualmente. Primero, Fermat divide por la cantidad E y, luego, la trata como cero, ¡algo incompatible! Lo que en realidad Fermat está usando es una forma todavía muy primitiva del concepto de derivada. En la notación actual, que fue más tarde introducida por Bernard Bolzano, escribiríamos:

$$\lim_{h\to 0}\frac{f(x+h)-f(x)}{h} = \frac{df}{dx} = f'(x).$$

Por supuesto, la idea primitiva aparecía en el trabajo de Fermat, no la definición precisa. Señala Judith V. Grabiner: "La derivada fue, en primer lugar, usada; entonces, fue descubierta; después, explorada y desarrollada, y, finalmente, definida".

Más tarde, algunos matemáticos e historiadores, frecuentemente franceses, eso sí, señalan a Fermat como el inventor del cálculo, pero la gloria actualmente se reserva a dos personajes que aparecerán más tarde en nuestro relato, Newton y Leibniz.

Tercer conflicto: el concurso de Pascal

Si hay una personalidad sorprendente y polifacética esa es, sin duda, la de Blaise Pascal (1623-1662). Nacido en Clermont-Ferrand (Francia), fue tempranamente iniciado a las matemáticas por su padre Étienne Pascal, que se percató enseguida de su extraordinario talento. A los 14 años ya acompañaba a su padre al círculo de Mersenne, donde se congregaban algunos de los mejores matemáticos del momento.

Ejemplo de su precoz inteligencia lo encontramos cuando, en 1640, encargándose su padre de la tarea de recaudar los impuestos en la Normandía, el jovencísimo Pascal, para ayudarlo, inventó una calculadora mecánica, la llamada rueda de Pascal o Pascalina, que inicialmente podía realizar sumas y, años más tarde, también restas.

A pesar de su corta vida, Pascal destacó en innumerables ramas de la ciencia, siendo notables sus desarrollos en hidrostática, experimentos sobre la presión atmosférica, destacados resultados en geometría proyectiva y estableciendo los fundamentos de la teoría de la probabilidad, entre otros muchos logros.

Tras un accidente en su carruaje en 1654 en el que casi pierde la vida, Pascal quedó afectado psicológicamente. Desde ese momento se dedicó casi exclusivamente a la religión. En sus *Pensamientos* encontramos su ya célebre apuesta de Pascal, sobre la existencia de Dios: "Vamos a pesar la ganancia y la pérdida, eligiendo cruz (de cara o cruz) para el hecho de que Dios existe. Estimemos estos dos casos: si usted gana, usted gana todo; si usted pierde, usted no pierde nada. Apueste usted que Él existe, sin titubear".

Afortunadamente, todavía no se le había perdido para las matemáticas. En 1658, durante un terrible dolor de muelas, y desesperado al no poder aguantarlo más, para no seguir pensando en su dolencia se puso a meditar sobre nuestra Helena, la cicloide. Como por arte de magia, el dolor remitió; Pascal lo tomó como una señal y se dedicó con furia a estudiar las propiedades de la cicloide, obteniendo algunos resultados nuevos y otros ya conocidos. Por supuesto, que nadie tome esto como un alegato contra la higiene dental; ha habido más matemáticos que han hecho descubrimientos sin dolor de muelas que con dolor. ¡Así que lavémonos los dientes tres veces al día por lo menos!

Ni corto ni perezoso, Pascal convoca enseguida un concurso para premiar a quien resolviera algunos problemas relacionados con la cicloide. Ofreció dos premios, uno de 40 doblones de oro españoles y otro de 20. Concretamente los problemas propuestos eran determinar el centro de gravedad de la cicloide y la superficie del volumen de revolución que engendra el área plana que barre el arco de cicloide al girar, ya sea en torno al eje de las abscisas o en torno al eje de ordenadas. Se recibieron únicamente dos artículos, debido principalmente al corto plazo dado para entregar las soluciones. Una de ellas por el matemático inglés John Wallis, y la otra por el matemático francés Antoine de Lalouvère. Ninguno de ellos fue considerado por el jurado adecuado para recibir el premio, al no ser las soluciones suficientemente generales, según la propia apreciación de Pascal.

Después de terminado el plazo del concurso, el arquitecto inglés Chistopher Wren (1632-1723) presentó un resultado nuevo sobre la cicloide, el cálculo de la longitud de uno de sus arcos, que era exactamente 8 veces el radio del círculo generador. Conviene saber que Wren es también conocido por el diseño arquitectónico de la catedral de San Pablo de Londres.

Por si esto fuera poco, otros muchos matemáticos, ya fuera de concurso, comunicaron sus resultados a Pascal, como, por ejemplo, Huygens o Fermat.

Lo grave fue que Pascal, después del concurso, publicó un libro titulado *Historia de la cicloide* que contenía, entre otros temas, la solución de los problemas propuestos. Por supuesto, esto desató la ira de los concursantes y de otras personas afectadas por el concurso. Por añadidura, Pascal no hacía mención a los trabajos de Torricelli, lo que enfadó sobremanera a los matemáticos italianos.

Todo este escándalo no hizo más que dar mayor fama a nuestra Helena.

Pero no todo fue negativo en el concurso de Pascal, pues la publicidad que provocó ayudó al matemático holandés Christiaan Huygens (1629-1695) a utilizar la cicloide para resolver un interesante problema, el de la búsqueda de la curva *tautócrona*. Huygens, motivado por el diseño de un reloj que pudiese funcionar con precisión en los barcos, se planteó la búsqueda de una curva con la siguiente propiedad: si ponemos la curva vertical y colocamos dos canicas a diferentes alturas, entonces las dos llegan al punto más bajo *al mismo tiempo*, recorriendo la curva por efecto de la gravedad. Como supondrán, la cicloide daba la solución al problema.

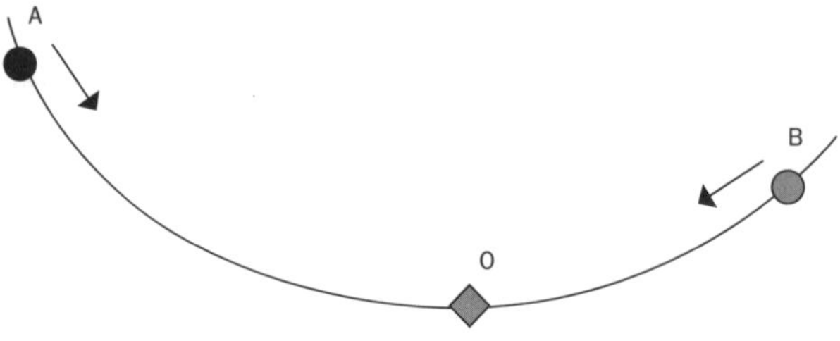

Interludio: la gran guerra del cálculo

En la *Ilíada*, Homero describe con detalle el terreno de combate, para así conocer dónde se va a desarrollar la cruenta y larga guerra de Troya. Del mismo modo, conviene aquí hacer algo parecido y dedicar un tiempo a reseñar brevemente el nacimiento del cálculo, que será crucial para el devenir de los acontecimientos futuros. Es más, podemos decir que nos hallamos ante uno de los desarrollos científicos claves de la historia de la humanidad, crucial para el futuro desarrollo tecnológico que sobrevino años después. Estamos hablando del cálculo infinitesimal, uno de los mayores hitos de la historia, desarrollado a finales del siglo XVII.

Como quizá sabrán, el cálculo infinitesimal se basa en dos ingredientes básicos, el de *derivación* y el de *integración*. En las páginas anteriores ya nos hemos expuesto superficialmente algo a estos conceptos, pero será mejor profundizar un poco más.

El concepto de *derivación* está relacionado físicamente con la noción de velocidad y aceleración, es decir, con la tasa de cambio instantáneo de las magnitudes físicas. Cuando vamos en nuestro coche, la derivada nos responde a la pregunta: ¿con qué rapidez nos movemos *exactamente ahora*? Geométricamente, la derivación tiene que ver con pendientes de curvas y su curvatura y, en consecuencia, con la noción de tangente a una curva, que ya vimos antes cuando hablábamos del trabajo de Fermat.

Otro concepto que ha surgido y, en principio, no relacionado con la derivación, es el de *integración*. Nos habla del cálculo de áreas y volúmenes y, también, del problema de encontrar centros de gravedad de cuerpos.

Ambas nociones aparecen relacionadas en uno de los más bellos monumentos de las matemáticas, el *teorema fundamental del cálculo infinitesimal*, piedra angular de todas las matemáticas. Nos dice que la integración hace algo contrario que la derivación, es decir, dada la tasa de cambio de una magnitud, intenta encontrar la propia magnitud.

Obviamente, el nuevo cálculo, al ser idóneo para analizar el movimiento, se convertirá en la herramienta más poderosa existente para analizar casi todos los fenómenos físicos y, por tanto, las aplicaciones a la ingeniería. Así, se pueden estudiar con esta teoría matemática el movimiento de nubes, mares, órbitas de satélites, infecciones víricas, diseño de puentes, construcción de vehículos, etc. Podríamos decir, sin ser exagerados, que sin la invención del cálculo infinitesimal sería imposible imaginar la sociedad tecnológica que ahora disfrutamos.

Tal vez alguien con problemas renales se esté preguntando qué tiene que ver este nuevo cálculo con ciertas piedras que hacen insoportable su vida. Efectivamente, se refieren a lo mismo, pues la palabra "cálculo" deriva del vocablo latino *calculus*, que significa 'piedra'. Su relación con las matemáticas tiene que ver con el uso en la Antigüedad de piedrecitas para ayudarse en la resolución de pequeñas operaciones aritméticas. Su relación con la nefrología... reconocemos que es mucho más clara.

Son muchos los predecesores de esta nueva herramienta matemática, capaz de resolver ella sola problemas antes inabordables de un modo *sencillo* y siguiendo unos procedimientos lógicos, bien determinados. En nuestro viaje ya nos hemos encontrado a Fermat y a Descartes, entre otros muchos que nos hemos visto obligados a omitir. Quizá, antes de pasar a los grandes genios de esta historia, debamos dejar Francia e ir, por un momento, a Inglaterra.

Isaac Barrow (1630-1677) se formó en la Universidad de Cambridge y después de finalizar sus estudios recibe una ayuda de viaje que le permitirá conocer algunos de los desarrollos matemáticos de la Europa continental; en particular, los trabajos de Roberval y de Viviani, el último discípulo de Galileo. Más tarde, ocupa la recién creada Cátedra Lucasiana de Matemáticas. Allí, imparte sus enseñanzas a sus alumnos y, en concreto, a un entonces joven Isaac Newton. Su trabajo matemático es un claro anticipo del cálculo infinitesimal. Le faltó muy poco para haberlo fundamentado, quizá su escaso conocimiento de la geometría analítica, que pudo ser debido a su poco aprecio por los matemáticos franceses y, en concreto, por Descartes y Fermat.

El trabajo principal de Barrow se encuentra en sus *Lectiones opticae et geometricae*, publicadas en 1669. Se hacen importantes aportaciones en el cálculo de tangentes y áreas y, sobre todo, la relación entre el cálculo integral y diferencial, siendo uno inverso del otro. Obviamente, este antecedente fue crucial para que Newton diera el último gran paso genial.

Pasemos, por tanto, a describir los logros del "grande entre los grandes", Isaac Newton (1642-1727). Jamás en la historia de la humanidad ha habido una mente más poderosa y original que la de Newton. Nació y vivió en una pequeña granja de la pequeña villa de Woolsthorpe en Lincolnshire (Inglaterra). Se educó en escuelas locales, mostrando desde muy joven una gran capacidad para diseñar objetos y, en especial, construcciones mecánicas. Así, construyó una maqueta de molino de viento y se cuenta que una vez fabricó un globo de aire caliente y lo lanzó con un gato a bordo. ¡Todavía hoy no hay noticias de ambos! Después, en 1661, pasó a estudiar en el Trinity College, en la Universidad de Cambridge, como estudiante pobre o con pocos recursos, con los trabajos serviles que este cargo conllevaba. Allí comenzó una educación prácticamente autodidacta, familiarizándose y *cuestionando* obras como la *Geometría* de Descartes, los resultados de Galileo y de Kepler, y sintiendo fascinación por todos los principios de la naturaleza.

En 1665 se produjo una epidemia de peste que comenzó a devastar Londres y sus alrededores, lo que llevó a que se decidiese enviar a los estudiantes a sus casas, ante el temor del contagio en Cambridge. Newton fue a su casa natal y, en vez de remolonear como habría hecho un alumno al uso, dedica su tiempo al estudio. En este periodo comenzaron lo que se ha llamado sus *Anni Mirabiles* (1665-1666), los años milagrosos. En ese tiempo, concibió su ley de la gravitación universal, las leyes de la mecánica y la óptica y desarrolló el cálculo integral y diferencial, entre otros muchos avances. En 1727 escribe el propio Newton recordando esta increíblemente fructífera época: "A comienzos de 1665, descubrí el método de las series aproximativas y la regla para reducir cualquier potencia de un binomio a dichas series. El mismo año, en mayo, obtuve el método de las tangentes de Gregory & Slusius y, en noviembre, el método de las fluxiones. El año siguiente, en enero, obtuve la teoría sobre el origen de los colores y, en mayo, había comenzado a trabajar en el método inverso de fluxiones. Y el mismo año, comencé a pensar en extender la gravedad hasta la órbita de la Luna y a partir de la regla de Kepler [...] deduje las leyes que mantienen a los planetas en sus órbitas".

¡Increíble! En este corto intervalo de tiempo, el joven Newton cambió el devenir de la historia de la humanidad. Había creado conceptos científicos, nuevas técnicas de razonamiento que nos abocaban a un futuro dominado por la ciencia y la tecnología.

Una de las características de Newton era su tenacidad. Y así, cuando le preguntaron sobre la forma en que había descubierto la ley de gravitación universal, contestó: "Pensando en ello constantemente". Muchos de sus resultados no salieron a la luz hasta mucho más tarde. Normalmente, comentaba sus resultados en cartas, enviaba copias de sus trabajos a algunos colegas o escribía páginas y páginas que habrían revolucionado la ciencia, pero... no las publicaba.

En su libro sobre Newton comenta el matemático Augustus de Morgan: "Cada descubrimiento de Newton tenía dos aspectos. Newton tuvo que hacerlo y, luego, los demás teníamos que descubrir que él lo había hecho". Suena muy extraño en un mundo científico como el actual, donde la publicación de los resultados es una necesidad imperiosa, quizá motivada por un sistema mal gestionado. En cualquier caso, estos temas no incomodaron nunca a Newton.

En 1669 ocupó la Cátedra Lucasiana de Matemáticas en lugar de Barrow, dedicándose desde ese momento a la ciencia e impartiendo algunas clases ininteligibles, para desgracia de sus alumnos.

Tras una prolífica vida científica, Newton murió en 1727, siendo enterrado en la abadía de Westminster junto a otros grandes hombres de la historia inglesa. En su epitafio se lee: "¡Mortales, congratulaos de que un hombre tan grande haya existido para honra de la raza humana!".

Habiéndome dejado llevar por mi admiración por Newton, me he alargado un tanto en este breve resumen de su biografía. Es tiempo de volver a nuestro tema, el origen del cálculo.

En la cita del propio Newton sobre los *Anni Mirabiles* se hace mención a unos conceptos que nos pueden resultar, en principio, extraños. En particular, se habla de fluxiones y del método inverso de las fluxiones. Intentemos aclarar, en lo sucesivo, lo que quería decir Newton con esto.

El primer escrito en donde aparecen las primeras bases del nuevo cálculo diferencial es el manuscrito titulado *De Analysi per aequationes numero terminorum infinitas*, que Newton entrega a Barrow en 1669 y del que circularon copias en diferentes círculos matemáticos de Inglaterra. Sorprende que la obra no se publicase hasta 1711. En ella, además, se expone un método aproximado para resolver ecuaciones, hoy llamado método de Newton-Raphson, y se encuentra la demostración para el área encerrada por una parábola generalizada del tipo:

$$y = ax^{\frac{n}{m}}.$$

La fórmula ya había sido encontrada antes por otro matemático inglés, John Wallis (1616-1703), utilizando métodos mejorados a los ya mencionados indivisibles de Cavalieri. Otra fórmula que debemos a Wallis, y que no nos resistimos a escribir, fue la siguiente sorprendente expresión para el número π:

$$\frac{\pi}{2} = \frac{2 \cdot 2 \cdot 4 \cdot 4 \cdot 6 \cdot 6 \cdot 8 \cdot 8 \ldots}{1 \cdot 1 \cdot 3 \cdot 3 \cdot 5 \cdot 5 \cdot 7 \cdot 7 \ldots}.$$

Volviendo a Newton, ¿dónde estaba la novedad si Wallis ya había sido capaz de integrar esa parábola generalizada? La novedad estaba en las técnicas usadas por el joven Newton. En primer lugar, parte de la solución, es decir, del valor del área de la curva, y luego estudia su variación en el eje de abscisas, es decir, nuestra noción de derivada, y obtiene la ecuación de la parábola generalizada. Además, usa desarrollos en serie para calcular cuadraturas de diferentes funciones. Hoy, los matemáticos diríamos que Newton había aplicado el teorema fundamental del cálculo, pero en aquel momento Newton era, en la práctica, el primero que lo estaba utilizando en ejemplos concretos. Se mostraba que los métodos de las tangentes y las cuadraturas estaban inversamente relacionados entre sí.

Si Newton hubiese publicado estos resultados cuando los concibió en 1666 habría dejado asombrados a los matemáticos del mundo entero. Y seguramente no habría existido la polémica sobre el inventor del cálculo diferencial, como comentaremos más adelante.

La obra más importante de Newton en este tema fue, sin duda, *De methodis serierum et fluxionum*, publicada en 1736 pero concebida muchísimos años antes. Allí, se introducía el concepto de *fluente*, como cantidad o variable que varía respecto al tiempo, y el de *fluxión*, como su velocidad o la derivada con respecto al tiempo. En palabras del propio Newton: "Para distinguir las cantidades que consideraré perceptible pero indefinidamente variando, de las otras que en cualquier ecuación serán conocidas y determinadas, denotaré estas últimas usando las letras iniciales del alfabeto: a, b, c, etc. A las primeras, las llamaré aquí y después, fluentes, y las denotaré usando las letras finales del alfabeto, v, x, y, z. Y las velocidades con que ellas fluyen y son modificadas por su movimiento generador (a las que llamaré fluxiones o simplemente velocidades) serán denotadas por las letras $\dot{v}$, $\dot{x}$, $\dot{y}$, $\dot{z}$".

Newton, además, desarrolla los algoritmos para el cálculo de fluxiones, lo que actualmente conocemos como reglas de derivación de sumas, productos, cocientes, etc., que se ven en los primeros cursos de Bachillerato en Secundaria. También nos muestra cómo calcular el área de una curva, que, como vimos, significa calcular la fluente de una fluxión, lo que actualmente se llama calcular una primitiva. Newton también utilizó su recién creado cálculo para problemas de máximos y mínimos, resolviendo uno a uno los problemas que habían inquietado a sus antecesores.

En este sentido, Newton cambia radicalmente la concepción tradicional del área como límite de una suma de infinitesimales, calculando el área mediante una antiderivación, dejando completamente claro, por vez primera, el carácter inverso de la cuadratura y la tangente.

Crucemos ahora el Canal para encontrarnos con otro de los héroes de nuestra historia; hablamos del diplomático, filósofo, físico y matemático Gottfried Wilhelm Leibniz (1646-1716). Leibniz nace en Leipzig, Sajonia, actualmente Alemania. En esa época, Alemania estaba sumida en la devastación producida por la guerra de los Treinta Años, cruel no solo por la duración, sino por la cantidad de países contendientes (españoles, franceses, suecos, daneses, austriacos y muchos otros) y también por el uso indiscriminado de tropas mercenarias, cuya recompensa era básicamente el saqueo de las poblaciones. Se estima que la cuarta parte de la población alemana falleció durante estos crueles años, no solo asesinada, sino también por las terribles hambrunas. Se cuenta que, durante el asedio de la ciudad de Breisach, en 1638, se llegaron a cambiar diamantes por un simple kilo de trigo.

Con este panorama, vino al mundo Leibniz, con un padre profesor de derecho y filosofía moral en la Universidad de Leipzig. Durante su infancia, Leibniz se sumergió en la biblioteca de su padre, leyendo sobre todo clásicos como Platón, Aristóteles y Séneca, y libros de teología. En solitario con sus libros, se convirtió en un autodidacta, en particular, en el aprendizaje de las matemáticas. De hecho, consideraba que sus profesores debían "interferir lo menos posible con mis estudios".

En 1661 ingresa en la Universidad de Leipzig, donde estudia leyes, defendiendo su tesina a la edad de 17 años. A los 20 años intenta obtener el título de doctor en su ciudad natal, pero, al parecer, los profesores no le admitieron a causa de su corta edad. Otras versiones, poco contrastadas, dicen que fue la mujer del decano la que se opuso, por razones que quizá podamos imaginar. Finalmente, obtiene en 1666 su doctorado en la Universidad de Altdorf, con un trabajo sobre filosofía y derecho, combinados ambos con relaciones matemáticas.

En 1667 da un giro radical en su vida e inicia su andadura trabajando para el barón Johann Christian von Boineburg. Bajo su protección, el genio de Leibniz no tarda en destacar y, así, es nombrado juez del tribunal superior a la edad de 24 años. Comenzó allí a revisar el código penal de una Alemania dividida en infinidad de pequeños estados. Además, desarrolla labores diplomáticas en otros países. Importante fue su viaje a París en 1672 para tratar de convencer al rey Luis XIV de que era más conveniente para sus intereses invadir Egipto que proseguir con las interminables guerras europeas; plan que mucho más tarde llevaría a cabo Napoleón. La respuesta de las autoridades francesas fue un "no, gracias, el tiempo de las cruzadas ya pasó". No importaba, pues para Leibniz estar en París era su mejor premio. Allí se encontró con Christiaan Huygens, con el que comenzó ávidamente sus estudios de matemáticas, estudiando las obras de Descartes, Cavalieri, Roberval, Pascal, etc. Sus labores diplomáticas también le llevaron a Inglaterra, donde tuvo contacto con científicos de la talla de Robert Hooke o Robert Boyle. Recordemos estas visitas a Londres, ya que tendrán un importante papel al final del capítulo.

De vuelta a París, pone las bases para la creación de su propia versión del cálculo. Basándose en la suma y diferencia de sucesiones, construye la teoría de sumas y diferencias de cantidades infinitesimales, que le llevarán finalmente al desarrollo del cálculo integral y diferencial. El 21 de noviembre de 1675, Leibniz escribe un artículo usando la notación, hoy familiar, del cálculo integral:

$$\int f(x)dx.$$

Apreciamos el símbolo de integral $\int$ introducido por Leibniz, que procede de la S inicial de la palabra latina *Summa*. Más tarde, en 1677, encontrará las fórmulas correctas para la diferencial de productos y cocientes. Por ejemplo, para el producto Leibniz escribiría:

$$d(xy) = xdy + ydx.$$

Actualmente, esta fórmula se conoce como la regla de Leibniz.

En 1684 publica en la revista *Acta Eruditorum* el primer artículo sobre cálculo diferencial de la historia, "Nova Methodus pro Maximis et Minimis". Era muy difícil de leer, sin demostraciones ni casi ejemplos... Los hermanos Bernoulli, que enseguida aparecerán en nuestra historia, dirían de esta publicación: "Es un enigma, más que una explicación". Pero estos hermanos fueron los primeros que se dieron cuenta de la importancia de este primer trabajo y se convirtieron, más tarde, en maestros de las nuevas técnicas.

Es necesario mencionar la cantidad de materias distintas que interesaron a Leibniz y en las que destacó entre sus contemporáneos. Sin ser ni mucho menos exhaustivos, podemos señalar sus trabajos en filosofía, derecho internacional, economía, teología, geología, desarrollo de presas hidráulicas y molinos de viento, de la minería como una industria provechosa en ciertas partes de Alemania, la fundación de academias, etc.

En sus concepciones filosóficas y teológicas destaca su concepción de la armonía preestablecida desarrollada en su *Teodicea. Ensayos sobre la bondad de Dios, la libertad del hombre y el origen del mal*, publicada en 1707. En ella, confronta la imperfección del mundo y sus criaturas, y, también, la del hombre con la idea de un Dios omnipotente, omnisciente e infinitamente bueno. Razona, en consecuencia, que nuestro mundo debería ser el mejor de los mundos posibles. Retomaremos este tema en el próximo capítulo.

Finalmente, señalar que, a diferencia de Newton, que al final de sus días tuvo la consideración de Inglaterra, no ocurrió lo mismo con Leibniz. Él, que siempre trabajó para príncipes y nobles, tuvo la recompensa que siempre dan estos a la gente que los ayuda. Cuando Leibniz ya no fue necesario, debido a su vejez y enfermedad, fue apartado como un trasto inútil, y murió finalmente en 1716 en Hannover, permaneciendo su tumba en el anonimato durante cincuenta años. ¡Así trata la humanidad a sus grandes hombres! Cuando hacemos turismo por ciudades del mundo es frecuente encontrar monumentos, nombres de calles principales, etc., que se refieren a monarcas, políticos, religiosos, deportistas, algunos literatos..., pero es más raro encontrar los nombres de científicos que son los que realmente han cambiado el mundo y han logrado proporcionarnos las invenciones y tecnologías que aumentan nuestra calidad de vida...

Cuarto conflicto: la provocación de Johann Bernoulli

Los Bernoulli son sin duda la familia que más ha contribuido a la ciencia y, en particular, a las matemáticas. Su origen suizo tiene que ver con la historia de España. En concreto, con la instauración en 1567 del conocido Tribunal de los Tumultos o Tribunal de Sangre en los Países Bajos por el duque de Alba, enviado por el rey Felipe II. El tribunal condenó a muerte a innumerables flamencos, en particular, se decapitó a los condes de Egmont y Horn, siendo sus cabezas exhibidas en Bruselas. Los Bernoulli, familia protestante de origen belga, huyeron del país, escapando de esta terrible represión. Así, se afincaron finalmente en la ciudad suiza de Basilea.

Este hecho hizo que en Basilea surgiera una de las mayores dinastías de científicos y, en especial, de matemáticos. El fundador de la dinastía fue Nicolaus Bernoulli, que tuvo dos hijos que fueron matemáticos de primer orden desarrollando y aplicando el recientemente creado cálculo infinitesimal.

Presentamos un árbol genealógico para saber de qué estamos hablando, donde solo aparecerán aquellos con una muy destacada labor científica.

Nuestra historia empieza con Johann Bernoulli (1667-1748). Como dijimos, nació en Basilea y, junto a su hermano Jacob, se dedicó a las matemáticas. Su padre tenía otros planes, pues quería que Johann siguiese en el negocio familiar del comercio de especias. No era este su destino —comprendió pronto su padre—, dejándole a continuación entrar en la Universidad de Basilea. Allí comenzó a estudiar medicina, aunque se sentía atraído principalmente por las matemáticas y la física. Fue así como, junto a su hermano Jacob, empezó a familiarizarse con el trabajo matemático de Leibniz.

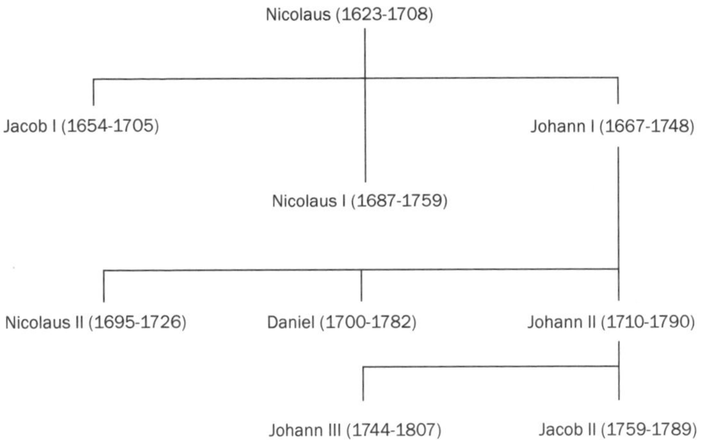

En un viaje a Francia conoce al marqués de L'Hôpital, una relación matemática que perdurará en el tiempo, aunque la talla de Johann era muy superior. En París comenzó a enseñar al marqués, en clases particulares, el cálculo desarrollado por Leibniz y, posteriormente, a distancia, cuando Johann vuelve a Basilea. Estas enseñanzas fueron la causa de que L'Hôpital publicase en 1696 *Análisis de los infinitamente pequeños para comprender las líneas curvas*, el primer libro de cálculo infinitesimal de la historia, donde se recopilaban las enseñanzas de Bernoulli.

Bernoulli fue el promotor de grandes avances en el álgebra, el cálculo infinitesimal, el cálculo de variaciones, mecánica, teoría de series y teoría de probabilidades. Su competitividad le hizo chocar en numerosas ocasiones hasta con su propio hermano, aunque este ejerció una importante influencia en él.

En junio de 1696, en la revista *Acta Eroditorum*, Johann Bernoulli propone el siguiente problema: "Dados dos puntos A y B en un plano vertical, determinar la curva trazada por un cuerpo que bajo la única acción de la gravedad empiece en A y llegue a B en el mínimo tiempo".

Obviamente, si nos preguntásemos sobre la distancia más corta entre A y B, la curva buscada sería el segmento que los une, pero aquí no se habla de distancia, sino de tiempo. Esta curva del más rápido descenso se conoce también como la *braquistocrona* (del griego *brachistos*, 'más corto', y *cronos*, 'tiempo'). ¿Cuál será la respuesta? ¿Será el propio segmento, un arco de parábola u otra curva más extraña? Quien no se haya dormido en las páginas anteriores, ya adivinará de qué curva estamos hablando: la cicloide. Pero una cosa es suponer o adivinar y otra muy distinta, demostrar. Observemos además que el problema es muy diferente en su concepción a otros problemas de calcular máximos o mínimos o tangentes a una curva; aquí, ahora, la solución a encontrar no es un número, ¡es la propia curva! Esta noción será importante en el posterior devenir de la ciencia.

Este reto propuesto por Johann estaba dirigido a los mejores matemáticos del momento y, además, ponía a prueba la inteligencia de su hermano Jacob. ¡Qué rivalidad entre hermanos! El plazo dado expiraba a finales de ese mismo año. Solamente se recibió en plazo una única respuesta, la de Leibniz. El mismo Leibniz le pidió a Johann que lo ampliase para que diese tiempo a que llegaran más soluciones.

A principios de 1697, Johann Bernoulli se dirige con arrogancia y presunción a la comunidad científica con estas palabras: "Yo, Johann Bernoulli, me dirijo a los matemáticos más brillantes del mundo. Nada resulta más atractivo para las personas inteligentes que un reto honesto y estimulante, un problema cuya solución les dará fama y permanecerá como un monumento eterno para la posteridad. Siguiendo el ejemplo dado por Pascal, Fermat, etc., espero ganar la gratitud de toda la comunidad científica, planteando a los más sagaces matemáticos de nuestro tiempo un problema que pondrá a prueba sus métodos y la fortaleza de su intelecto. Si alguien me comunica la solución del problema propuesto, lo declararé públicamente digno de alabanza".

Para provocar al gran Newton, Johann Bernoulli, que parece que disfrutaba agitando a la comunidad científica, escribe: "Hay pocos que son capaces de resolver mis excelentes problemas, especialmente muy pocos entre esos matemáticos que han visto crecer su fama a través de dorados teoremas que ellos creen que nadie más conoce, aunque hayan sido previamente publicados por otros [...]". Se refería, por supuesto, al apoyo incondicional de Johann a Leibniz en la creación del nuevo cálculo, restando crédito al propio Newton.

Recibidos problema y misiva ofensiva en la casa de Newton, el día 29 de enero de 1697, Newton, genial como ninguno, resolvió el problema en unas horas de insomnio. A la mañana siguiente envió la solución a Charles Montague, a la sazón presidente de la Royal Society. Dicha solución se publicó anónimamente en el número de febrero de los *Philosophical Transactions*, haciendo caso omiso a las instrucciones del concurso. Al leer la solución, Johann se percató enseguida de que detrás de ella estaba el genio de Newton y lo expresó con la célebre frase: "Cómo se reconoce al león por sus garras" (*tanquam ex ungue leonem*).

Más tarde, Newton se despachó del siguiente modo: "Me molesta que me desafíen e insulten algunos que no son más que extranjeros en la matemática [...]".

En el número de mayo de 1697, se publicaron las soluciones dadas por Leibniz, el marqués de L'Hôpital, Jacob Bernoulli, el conde Walther de Tschirnhaus, el proponente Johann Bernoulli y la solución anónima... de Isaac Newton.

Efectivamente, estos fueron los únicos que resolvieron el problema, pero ninguno superó la brillantez y brevedad de la solución de Newton, que en "solo setenta y siete palabras" resolvía el problema.

Sin embargo, otra de la soluciones, más elaborada, eso sí, pero de una increíble belleza, fue dada por el propio Johann Bernoulli. En ella se combinaban las nuevas matemáticas con una magnífica intuición física. Bernoulli conocía la ley de refracción de la luz (ley de Snell), de la que ya hemos hablado anteriormente. Como vimos, este principio fue justificado por Fermat usando el principio del tiempo mínimo. También Bernoulli conocía que la velocidad de caída de un cuerpo es proporcional a la raíz cuadrada de la distancia desde donde cae (ley de Galileo). Así, la velocidad tras h metros de caída es $\sqrt{2gh}$.

Supongamos ahora que el plano vertical está compuesto por capas de grosor infinitesimal con densidades variables que van decreciendo a medida que vamos descendiendo. Cuando un rayo de luz pasa de un medio a otro, su dirección cambia y su velocidad se incrementa. Por el principio de Fermat, la luz, al atravesar los diferentes medios, siempre seguirá la ruta más rápida para ir de un punto a otro. Parece razonable cambiar el papel de la luz por el de un cuerpo que cae. A medida que vayamos haciendo más finas las capas, nos aproximaremos cada vez más a la curva que buscamos, la braquistocrona.

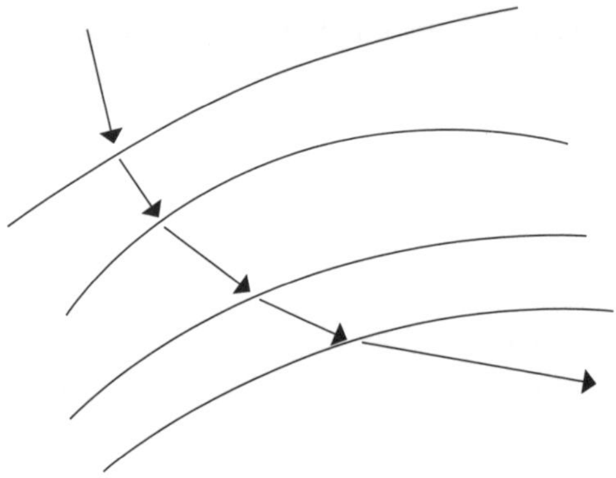

Por supuesto, lo anteriormente expresado debería estar bien escrito, usando el lenguaje apropiado, que no es otro que el de las matemáticas. En cualquier caso, al final del razonamiento, Johann Bernoulli llega a una ecuación, cuya incógnita es una función, que involucra a la propia función y sus derivadas, lo que llamamos actualmente una ecuación diferencial. Esta ecuación era posible resolverla usando las nuevas técnicas del cálculo infinitesimal, que, por supuesto, ya estaban en manos de Johann Bernoulli.

Un aspecto interesante en el devenir de la ciencia es que el problema de la braquistocrona se podía escribir como la búsqueda de una curva $y(x)$ que une dos puntos fijos, A y B, con coordenadas (x_1, y_1) y (x_2, y_2), respectivamente, y que minimice la siguiente integral:

$$\frac{1}{\sqrt{2g}}\int_{x_1}^{x_2}\sqrt{\frac{1+[y'(x)]^2}{y(x)}}\,dx.$$

Esta integral representa el tiempo de descenso, por eso nuestro interés en minimizarlo. Esta idea estaba presente en el trabajo del hermano de Johann, Jacob Bernoulli, y se puede entender como uno de los primeros ejemplos, y sin duda el más influyente, que posteriormente dieron paso a una nueva rama de las matemáticas, llamada cálculo variacional.

Pero nuestra Helena no es la única curva que ha provocado apasionadas discusiones, también hay otra que surgió de nuestros enfrentados hermanos Bernoulli. Esta vez comenzó las hostilidades Jacob al proponer en la ya citada *Acta Eruditorum* el siguiente problema:

Problema de la catenaria: determinar qué curva forma la caída libre de un cable flexible sujeto por dos puntos.

Mucho antes, Galileo, que, es cierto, en este libro no está desempeñando un papel muy afortunado, supuso erróneamente que esa curva debería ser una parábola. Recordemos que para resolver este tipo de problemas hace falta usar el nuevo cálculo infinitesimal, del que Galileo no pudo disponer y, bajo estas premisas, la aproximación por una parábola es una buena conjetura.

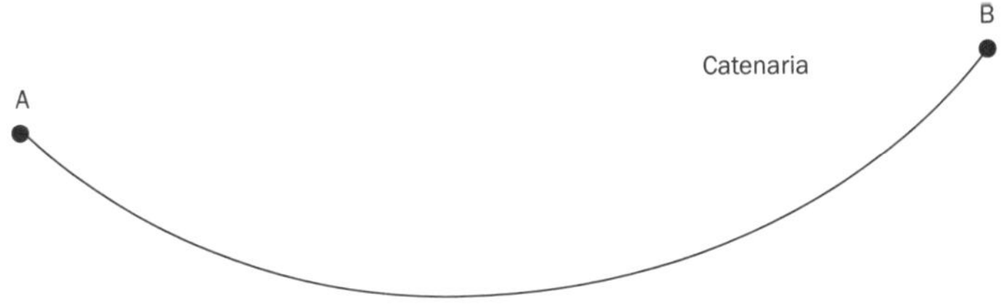

En junio de 1691 se publicaron tres respuestas al problema de algunos de nuestros conocidos (Leibniz, Huygens y Johann Bernoulli), pero no de Jacob. Así describe Johann, con no mucho amor fraternal, el fracaso de su hermano: "Los esfuerzos de mi hermano no tuvieron éxito [...] Es verdad que me costó resolver el problema y que me robó toda una noche [...] pero a la mañana siguiente, lleno de alegría, corrí a mi hermano, quien todavía estaba pugnando míseramente con este nudo gordiano sin conseguir nada, siempre pensando como Galileo que la catenaria era una parábola. ¡Para!, ¡para!, le dije, no te tortures más tratando de probar que la catenaria es una parábola, porque es enteramente falso [...] Y entonces me dejas pasmado diciéndome que mi hermano había encontrado un método para resolver el problema [...] Te pregunto, ¿piensas realmente que, si mi hermano hubiera encontrado un método para resolver el problema en cuestión, habría sido tan condescendiente conmigo como para no aparecer entre los que lo resolvieron, y cederme a mí la gloria de aparecer solo como uno de los que primero lo resolvieron, junto a los señores Huygens y Leibniz?".

Para encontrar la catenaria se debía resolver una ecuación diferencial cuya solución era:

$$y = a \cosh \frac{x}{a} = a \frac{e^{x/a} + e^{-x/a}}{2},$$

donde en la expresión aparece el coseno hiperbólico que se describe en términos de exponenciales. Aquí, a es una constante y e es un famoso número real que ya describiremos con mayor detalle al final del libro.

Es interesante saber que el arco catenario invertido es el que se sostiene a sí mismo, luego es la forma adecuada y óptima para construir arcos en arquitectura que se soporten por su propio peso. Sin duda, el arquitecto que mejor hizo uso de esta figura en sus construcciones fue Antoni Gaudí: "La catenaria da elegancia y espiritualidad al arco, elegancia y espiritualidad para la construcción entera. La función autoestable de la catenaria evita contrafuertes, el edificio pesa menos, gana una gracia vaporosa y se aguanta sin raros accesorios ortopédicos".

Quinto conflicto. La guerra mundial: Newton y Leibniz

En la *Ilíada*, el gran combate se produce entre Aquiles y el príncipe Héctor. Del mismo modo, en las matemáticas encontramos una lucha singular entre dos grandes hombres: Newton y Leibniz. El premio para el vencedor: la primacía en la invención del nuevo cálculo.

No le extrañe que, detrás de esta disputa que enfrentó virulentamente a las comunidades científicas de Inglaterra y de la Europa continental estuviese rondando nuestra Helena de la geometría. En efecto, en 1697 Leibniz publica una reseña sobre las soluciones del problema de la braquistocrona: "Y, sensatamente, no es indigno señalar que solo han resuelto este problema quienes yo conjeturé que podían resolverlo. Y, en verdad, no son sino quienes han penetrado lo bastante en los misterios de nuestro cálculo diferencial".

Después aparece la lista de los ya mencionados, los hermanos Bernoulli, el marqués de L'Hôpital y, finalmente, el *propio* Newton. Se podría fácilmente interpretar que se estaba considerando a Newton como uno de los *usuarios* del nuevo cálculo, como uno de los discípulos de Leibniz y no como su inventor. Por supuesto, esto despertó las iras de la comunidad científica inglesa, que acusó formalmente de plagio a Leibniz. La disputa entre Inglaterra y la Europa continental estaba servida.

Quizá sea conveniente detenerse en los antecedentes de esta gran guerra. De lo anteriormente expresado, queda claro que los descubrimientos de Newton se datan en los *Anni Mirabiles*, antes que los primeros trabajos de Leibniz, que, como vimos, se deben fechar con posterioridad a 1675.

Dirá el lector, no exento de cierta lógica: ¡está claro! ¡Fue Newton con más de diez años de ventaja! No se impaciente, pues lo que se está discutiendo es si Leibniz llegó a desarrollar el cálculo de forma independiente, sin conocer las aportaciones de Newton. Ya vimos que Newton era más que reacio a publicar sus trabajos y estos, cuando salían a la luz, lo hacían varias decenas de años después. Así pues, gran parte de los matemáticos de la Europa continental defendían que las primeras publicaciones son las de Leibniz y no las de Newton. Incluso se resistían a creer que Newton hubiera desarrollado el cálculo antes de las publicaciones de Leibniz. Los ingleses, además, sospechaban que en los viajes diplomáticos de Leibniz a Londres pudo tener un contacto con los trabajos de Newton, de ahí la acusación de plagio. Examinemos, un poco más en detalle, los precedentes de este gran conflicto.

Newton se dirigió a Leibniz epistolarmente en dos ocasiones, una vez en 1672 y otra en 1676, usando como intermediario a Henry Oldenburg, a la sazón secretario de la Royal Society. Estas cartas fueron utilizadas por los seguidores de Newton como prueba del plagio del matemático alemán. Al parecer, se equivocaban, pues en la edición de 1687 de sus famosos *Philosophiae naturalis principia mathematica*, Newton admitía que Leibniz podría haber descubierto el cálculo de modo independiente difiriendo solamente "en nomenclatura y notaciones".

Además, podemos añadir que si Newton quería ocultar algo, él era un experto en hacerlo. Por ejemplo, en una de las cartas a las que nos hemos referido, la de 1676, Newton se dirigía a Leibniz del siguiente modo: "Como ahora no puedo proceder con una explicación general, he preferido ocultarlo así: 6accdae13eff7i319n4o4qrr4s8t12vx. Sobre este fundamento he tratado también de simplificar la teoría relativa a la cuadratura de curvas". En la carta vemos un mensaje en código que significaba: "Dada una ecuación que involucre cualquier número de fluentes, encontrar las fluxiones y viceversa". La idea de usar anagramas era utilizada por algunos autores para reclamar en el futuro la prioridad de un descubrimiento pero sin compartir sus ideas y métodos en el presente. Es muy improbable que Leibniz hubiese sido capaz de descodificar este mensaje.

Mientras esto ocurría, los artículos de Leibniz ya circulaban por toda Europa y en ellos no se mencionaba a Newton. Años después, en 1693, por fin se hace público parte del trabajo de Newton sobre el cálculo de fluxiones. Además, salía a la luz la obra de otro autor al que ya nos hemos referido anteriormente, sir John Wallis, en concreto, el segundo volumen de su obra *Opera*. Allí se dedican algunas páginas a comparar fluentes y fluxiones con el cálculo que Leibniz había publicado algunos años antes. Wallis comentaba que esencialmente las técnicas eran iguales y, por otra parte, Wallis se refería a la carta de Newton a Leibniz de 1676, donde el matemático inglés explicaba sus métodos al matemático alemán. ¡Imaginemos la sensación producida al otro lado del Canal! El mismo Johann Bernoulli le escribe a Leibniz: "No sé si ideó su propio método después de haber visto nuestro cálculo".

Ahora las acusaciones de plagio iban ¡en la otra dirección! ¡Para volverse locos!

El contraataque no se hizo esperar. En 1703, el físico y matemático escocés George Cheyne publica el libro *Fluxionum methodus inversa* (*El método inverso de las fluxiones*), en el que intenta explicar el cálculo newtoniano. El libro carecería de especial importancia si no apareciese en él una encendida defensa de la primacía de Newton en la invención del cálculo y algo más como comprobamos en el siguiente pasaje del libro: "Cuando pienso en todos estos descubrimientos del gran Newton no puedo dejar de declarar que todo lo que ha sido publicado por otros durante los últimos veinticuatro años, más o menos, relacionado con estos métodos u otros parecidos, es solo una repetición o un corolario fácil de los que Newton comunicó hace mucho tiempo a sus amigos o al público".

Además, un beneficio indirecto de este confuso libro es que Newton se vio obligado a publicar su propio trabajo, que apareció en su *Óptica* como un apéndice titulado "Sobre la cuadratura de las curvas".

La respuesta de Leibniz a este pasaje de Cheney fue fulminante: "Puede que el señor Newton descubriera algunas cosas antes que yo, como yo descubrí antes que él. No he encontrado ciertamente ninguna indicación de que el cálculo diferencial o algo equivalente fuera conocido por él antes que lo fuera por mí".

Leibniz toma una postura muy conocida en el mundo científico. La prueba de que alguien ha demostrado algo debe hacerse por medio de una publicación que todo el mundo pueda conocer, tal como hizo el propio Leibniz. Actualmente, es frecuente que los investigadores *colguemos* nuestros artículos en páginas web de *preprints*, es decir, de artículos que todavía no han sido revisados independientemente. Con esto logramos que se conozca la fecha de nuestro resultado y, por tanto, nuestra preeminencia. Obviamente, no existían en aquellos años esas técnicas y es casi seguro que, de existir, Newton tampoco las hubiese usado.

Por si fuera poco, en 1705 aparece anónimamente una revisión del trabajo "Sobre la cuadratura de las curvas" de Newton. El revisor dice, más o menos a las claras, que este trabajo era básicamente una adaptación del cálculo de Leibniz. Cuando, más tarde, Newton lo leyó, no tuvo duda sobre su autoría, era el propio Leibniz, a pesar de que este siempre lo negase.

La bola de nieve seguía creciendo y, sobre todo, con la llegada de un joven profesor de Oxford llamado John Keill. Su objetivo no era otro que asegurar que el crédito y la consecuente fama se debían solamente a Newton y que Leibniz debía ser considerado prácticamente como un ladrón de ideas. El tipo comenzó su cruzada en 1708 acusando directa y públicamente a Leibniz de plagio, al escribir: "El mismo cálculo fue posteriormente publicado por Leibniz en las *Acta Eruditorum*, con un cambio de nombres y notación". Leibniz pidió amparo a la Royal Society de Londres, de la que era miembro, ante tamaña ofensa, exigiendo, además, una retractación pública de Keill. Desafortunadamente para él, en aquellos momentos el presidente de esta prestigiosa sociedad era… el propio Isaac Newton, quien la manejaba con mano firme.

La respuesta de Keill fue dirigida sutilmente por el propio Newton. En ella, sin acusar a Leibniz de plagio, se puntualizaba que fue Newton el único que inventó el cálculo y que lo que conoció Leibniz de los descubrimientos de Newton le sirvió de gran ayuda para desarrollar su propio cálculo diferencial. Finalmente introducía una nueva, no muy velada, ofensa al comentar sobre Leibniz: "Desde que ya posee indiscutibles riquezas propias, ciertamente no veo por qué quiere apropiarse de un botín robado a otros". Viendo Leibniz que el debate con alguien de una categoría inferior a la suya, como era Keill, no le satisfacía, siguió pidiendo un pronunciamiento de la Royal Society.

Finalmente, la Royal Society, es decir, Newton, formó una comisión para pronunciarse sobre este tortuoso asunto. La comisión, ciertamente no muy imparcial en su composición, se decantó, como era de esperar, por Newton. El 24 de abril de 1712 se publican las conclusiones de la comisión, el *Commercium Epistolicum*, que estima que Newton inventó el cálculo, que Leibniz había tenido ocasión de leer algunos escritos de Newton durante su estancia en Londres y que había recibido cartas de Newton antes de que hubiera "inventado" su cálculo. Además, concluía señalando que Keill, en consecuencia, no había injuriado a Leibniz. Muy cuestionable es que este comité nunca pidiese opinión al propio Leibniz ni le dejase la opción de replicar a un veredicto tan duro.

Johann Bernoulli animó a Leibniz a contestar a los ingleses. Así nace la *Charta Volante*, sin autor, pero estando detrás... el propio Leibniz. En ella se acusa no solo a Newton, sino a los ingleses, de robar las ideas de otros y luego apropiárselas como si fueran suyas. Achacando todo esto a una anormal xenofobia que padecen los habitantes de las islas. Adicionalmente, se señala que muy bien parecería que el método de fluxiones se pudo desarrollar con posterioridad y a imitación del cálculo de Leibniz.

Como vemos, el debate se está convirtiendo cada vez más en una pelea barriobajera, donde los insultos se imponen a las acusaciones justificadas e imparciales.

El debate, incluso, salió del ámbito científico y llegó al mundo de la política. En particular, son conocidas las declaraciones del rey Jorge I de Inglaterra cuando dijo: "Me siento feliz de poseer dos reinos, uno en el que tengo el honor de reconocer a Leibniz, y en el otro a Newton".

Pero el lector, lícitamente, se estará preguntando: ¿pero quién rayos descubrió el cálculo finalmente? El consenso general, hoy en día, es que ambos descubrimientos del cálculo por Newton y Leibniz fueron independientes y que las aproximaciones son manifiestamente diferentes. Aunque es claro que Newton lo descubrió antes, el cálculo de Leibniz tuvo una gran influencia en el desarrollo de las matemáticas; además, fue testado en innumerables ejemplos que no se podrían haber abordado con otros métodos.

En definitiva, dejemos descansar a estos dos grandes héroes de las matemáticas que se vieron también perturbados por nuestra bella pero provocativa Helena.

Por si algún lector quiere conocer a Helena íntimamente, aquí se la mostramos al desnudo, que en matemáticas es lo mismo que decir en coordenadas paramétricas:

$$x = a\,(t - \text{sen}\; t) \quad y = a\,(1 - \cos t),$$

que para diferentes valores de t, va describiendo una curva que es… nuestra Helena.

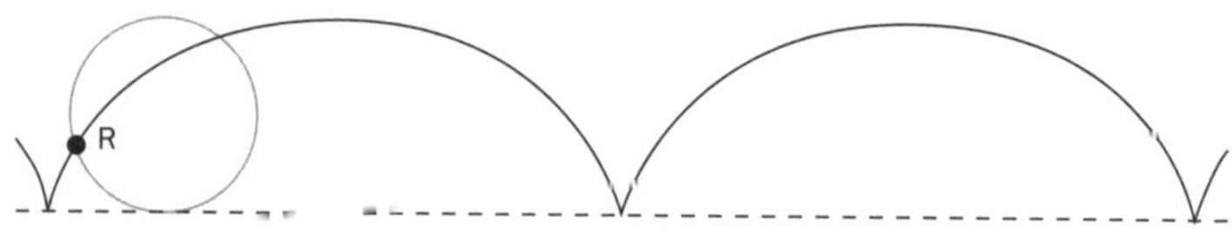

x = at - asen(t), y = a - acos(t)

CAPÍTULO 3

Princesas aprendiendo ciencia

"Leed a Euler, leed a Euler. Él es el maestro de todos nosotros".
LAPLACE

El título de este capítulo puede parecer contradictorio pero quizá es porque no se escriben muchos cuentos de princesas que estén interesadas por las ciencias. Además, esta historia de princesas es totalmente real ¡Por fin!, señalarán los más críticos.

Hablaremos en este capítulo de las *Cartas a una princesa de Alemania*, escrita por otro de los más grandes genios de la ciencia, Leonhard Euler (1707-1783). Este famoso matemático tenía relación con un príncipe alemán, Friedrich Heinrich von Brandenburg-Schwedt, que compartía la afición por la música con Euler. Sus hijas recibieron 234 cartas de Euler entre 1760 y 1762 durante su adolescencia para mejorar su educación.

Las *Cartas a una princesa de Alemania sobre diversos temas de Física y Filosofía* constituyen sin duda un auténtico hito en la historia de los libros de ciencias, en la popularización de la ciencia y, también, en la formación de mujeres en ciencias. Este último tema es importante pues, en la historia de la ciencia, aparecen escasas mujeres que tuvieron, en todos los casos, que sobreponerse a innumerables dificultades para lograr desarrollar una carrera científica. Es difícil imaginar qué avances hubiese logrado la humanidad si no se hubiera discriminado sistemáticamente a las mujeres a lo largo de la historia... y no hablo solamente de ciencia.

En las cartas, Euler abarcaba innumerables temas que permitirían poner al día en los avances de la ciencia a ambas princesas. ¡Tomen nota en las casas reales! En ellas se incluye temas variados, abarcando materias como astronomía, mecánica celeste, cosmografía, mecánica, mecánica de sistemas elásticos, teoría musical, física, óptica, electricidad, magnetismo e, incluso, filosofía y la religión.

Dejemos por un momento leer a las princesas las 234 cartas y volvamos al personaje al que verdaderamente está dedicado este capítulo, Leonhard Euler, al que ya hemos mencionado brevemente en capítulos anteriores. Nuestro protagonista, Leonhard Euler nació en la ciudad de Basilea, en Suiza. Su padre Paul Euler era un pastor calvinista que había estudiado adicionalmente algunas matemáticas de la mano de Jacob Bernoulli, brillante matemático del que ya hemos hablado en el capítulo anterior. La pretensión del padre de Euler era que Leonhard le sucediese en el púlpito.

En octubre de 1720, Leonhard se matriculó en la Facultad de Filosofía en la Universidad de Basilea. Tenía solamente 13 años, aunque esto no era tan inusual en esos tiempos. Las capacidades extraordinarias de Euler fueron pronto conocidas, por ejemplo, su memoria fotográfica, acompañada de una mente extraordinariamente brillante y, algo que no se debe olvidar, su gran capacidad de trabajo. Por ejemplo, su extraordinaria memoria se mostraba recitando de memoria la *Eneida* de Virgilio, de la que ya hablamos en el primer capítulo. Le tomó dos años obtener su el equivalente a una licenciatura actual, ¡tenía solamente 15 años!... No parece una adolescente al uso...

Además, tuvo tiempo de dedicar parte de su tiempo a familiarizarse de las matemáticas modernas de la mano de un genio, Johann Bernoulli, que ya conocemos bien. Como comenta Euler en su autobiografía:

Pronto tuve la oportunidad de ser presentado a un famoso profesor llamado Johann Bernoulli. Él estaba realmente muy ocupado y así rehusó de plano darme lecciones particulares, pero me dio en cambio consejos mucho más valiosos para comenzar a leer por mi propia cuenta libros de matemáticas más difíciles y estudiarlos con toda la diligencia que pudiera. Si me encontraba con algún obstáculo o dificultad tenía permiso para visitarle con plena libertad los sábados por la tarde, y él me explicaba entonces amablemente todo lo que yo no hubiera conseguido entender, y este es, sin duda, el mejor método para tener éxito en el estudio de temas matemáticos.

Aunque el padre de Euler quería que se dedicase a la teología, Johann Bernoulli, asombrado por la genialidad del jovencísimo Euler, lo visitó y pudo convencerlo para que se dedicase a las matemáticas. El padre finalmente accedió y gracias a ello pudimos tener a uno de los más grandes genios de la ciencia en plena acción.

A los 20 años Euler gana un premio internacional en una competición científica sobre el estudio del emplazamiento de mástiles en un barco. A esa edad se traslada a San Petersburgo (Rusia) pues no había podido obtener una cátedra en Basilea por ser demasiado joven, ¡craso error! En San Petersburgo estaba Daniel Bernoulli, hijo de Johann (¡vaya saga de matemáticos los Bernoulli!). Allí finalmente consiguió un puesto en la academia y culminó su trabajo sobre la mecánica analítica escribiendo un artículo sobre el curioso problema de los puentes de Königsberg (véase capítulo 5) que supone el comienzo de la llamada teoría de grafos que tanto impacto tiene en la actualidad, incluso en las redes sociales, que hacen que mucha gente ya no lea libros tan interesantes como este... Todo este trabajo lo compaginó con diferentes tareas en la academia que incluían cartografía militar, asesoramiento a la armada rusa, diseño de medidas contra incendios, etc. En concreto, en matemáticas hizo avances pioneros en temas que se estudian actualmente en los grados de matemáticas como ecuaciones diferenciales, geometría diferencial, cálculo variacional, teoría de números, integración de funciones algebraicas... Por ejemplo, allí resolvió el llamado problema de Basilea que consistía en saber el valor exacto de la siguiente serie infinita:

$$1+\frac{1}{2^2}+\frac{1}{3^2}+\frac{1}{4^2}+\frac{1}{5^2}+\dots$$

Ninguno antes había obtenido una solución para este problema (se pensaba que podría ser $\frac{8}{5}$) y fue Euler el que el que demostró que era igual a $\frac{\pi^2}{6}$. ¡Sorprendente y maravilloso!

Allí, en San Petersburgo, se casó además con una compatriota, Catalina Gsell, con la que tuvo 13 hijos. ¡Tenía tiempo para todo Leonhard! Desafortunadamente, unas fiebres pusieron en peligro su vida y, como una consecuencia, perdió la vista de su ojo derecho. De sus hijos, sin embargo, solamente cinco llegaron a la edad adulta. El primogénito, Johann Albrecht, se convertiría en matemático y, más tarde, trabajaría como uno de los ayudantes de Euler.

Ante las convulsiones políticas en Rusia, que el propio Euler describió como "un país en el que cada persona que habla es colgada", decide trasladarse a Berlín aceptando la oferta de Federico II de Prusia, que estaba interesado en potenciar la ciencia en su país. Allí comenzó a dar clases, continuó con su investigación e incluso tocaba el clavicordio solo o en dúo, invitando a compositores a dar recitales en su recién comprada casa en Berlín.

En 1744 se forma, tras muchos avatares, la Academia de Ciencias en Berlín de la que, obviamente, Euler esperaba ser su presidente. Sin embargo, Federico II quería tener como presidente una persona ocurrente, sarcástica y amena (preferentemente francés) y su decisión fue nombrar al científico francés Pierre-Louis Moreau de Maupertuis como nuevo presidente. Maupertuis era un excelente científico destacando en matemáticas, física, biología... De hecho, fue el primer científico en señalar que los animales y plantas no son inmutables. Pero, por supuesto, no estaba a la altura de Euler. Esta elección de cargos no debería extrañar al lector acostumbrado a ver cómo se designan cargos públicos en muchos países... y si al menos eligiesen personas del nivel de Maupertuis... Lo dejo aquí para evitar reprimendas de los editores.

Durante esos tiempos, Euler, entre otros muchos temas, escribe un libro que nos lleva a retomar la historia comentada en el capítulo anterior. El libro de 320 páginas se titulaba *El método para encontrar curvas planas que muestran alguna propiedad de máximo y mínimo* en el que Euler introdujo método matemáticos generales para la investigación de múltiples problemas que se llamaron más tarde problemas variacionales. En matemáticas, maximizar o minimizar consiste en buscar puntos donde una función alcanza sus valores máximos y mínimos. Estos son, simplemente, los puntos en los que se alcanza un valor mayor (o menor) globalmente o localmente —es decir, en un entorno suyo—. Un máximo es como una cima de la montaña, desde la que se puede mirar el horizonte en todas las direcciones posibles y disfrutar de una vista completa, ya que no hay puntos más altos en las proximidades; un mínimo sería el punto más bajo en un valle. Para encontrarlos, se trata de localizar los puntos (puntos críticos) en los que la pendiente es nula (la derivada igual a cero) y, entre ellos, encontrar los posibles máximos, mínimos y puntos de inflexión.

También en naturaleza se observan procesos de minimización (o maximización), como por ejemplo las trayectorias que siguen en los cuerpos celestes, como es el caso de las órbitas de los planetas alrededor del Sol.

Esta economía de medios ya fue estudiada en tiempos de Euler y es la base del llamado cálculo de variaciones que es en el que fundamenta el libro del propio Euler. Esas ideas dieron una base teórica sólida al principio de mínima acción propuesto por Maupertuis, que afirmaba que una partícula que se mueve en el espacio físico lo hará siguiendo una trayectoria que minimiza la cantidad de acción total. La acción se define como la integral de cierta función —en muchos casos, esta función es la diferencia entre la energía cinética y la energía potencial—.

Hagamos un paréntesis en las matemáticas, pues Maupertuis llevó más allá las implicaciones de estos principios de minimización, publicando en 1752 *Ensayos de Cosmología*. Como muchos científicos de la época, incluido Euler, la teología estaba presente en algunos de sus escritos y, de este modo, Maupertuis escribe:

> Después de que tantos grandes hombres hayan trabajado sobre este asunto, casi no me atrevo a decir que he descubierto el principio universal en el que se basan todas estas leyes, un principio que abarca tanto las colisiones elásticas como las inelásticas y que describe el movimiento y el equilibrio de todos los cuerpos materiales. Este es el principio de mínima acción, un principio tan sabio y tan digno del Ser supremo e intrínseco a todos los fenómenos naturales; se lo observa en acción no solo en todo cambio, sino también en toda constancia que la Naturaleza manifiesta. En la colisión de los cuerpos, el movimiento se distribuye de tal modo que la cantidad de acción sea lo más pequeña posible, dado que la colisión ocurre. En el equilibrio, los cuerpos se disponen de tal forma que, si llegaran a sufrir un pequeño movimiento, la cantidad de acción resultaría mínima. Las leyes del movimiento y del equilibrio derivadas de este principio son exactamente aquellas que se observan en la Naturaleza. Podemos admirar las aplicaciones de este principio en todos los fenómenos: el movimiento de los animales, el crecimiento de las plantas, las órbitas de los planetas, todos son consecuencias de este principio. El espectáculo del universo parece tanto más grandioso y hermoso, y digno de su Autor, cuando se considera que todo proviene de un pequeño número de leyes establecidas con suma sabiduría. Solo así podemos formarnos una idea adecuada del poder y la sabiduría del Ser supremo, y no a partir de alguna pequeña parte de la creación cuya construcción, uso o relación con las demás partes ignoramos. ¡Qué satisfacción para el espíritu humano contemplar estas leyes del movimiento y del equilibrio de todos los cuerpos del universo, y encontrar en ellas la prueba de la existencia de Aquel que gobierna el universo!

Es claro que de estas frases se infiere que vivimos en el mejor de los mundos. Estas ideas teológicas ya estaban presentes en la obra de Leibniz *Teodicea* y fueron duramente criticadas por la lengua afilada de Voltaire. En su *Cándido, o el optimismo*, el personaje del doctor Pangloss satiriza a Leibniz y, quizá, también a Maupertuis, con su incurable optimismo antes las innumerables catástrofes que va padeciendo a lo largo de la obra.

Por ejemplo, cuando el personaje principal, Cándido, y el doctor Pangloss viajan a Lisboa en barco, un tercer personaje llamado Jacobo se cae por la borda. Cándido se dispone a salvarlo lanzándose al agua, pero el doctor Pangloss detiene a Cándido porque, según él, la bahía de Lisboa está allí para que Jacobo se ahogue en ella.

Así relata el propio Voltaire en su obra: "¡Bueno! mi querido Pangloss, le dijo Cándido, cuando os han ahorcado, disecado, molido a golpes, y habéis remado en galeras, ¿habéis seguido pensando que todo iba lo mejor posible? —Sigo fiel a mi primer sentir, contestó Pangloss; puesto que al fin soy filósofo: no me conviene desdecirme. Leibniz no puede equivocarse y, por otra parte, la armonía preestablecida es, con lo pleno y la materia sutil, lo más bello".

También Euler expandió sus ideas de los ámbitos científicos señalando que "porque la forma del universo es la más perfecta posible y concebida por el Creador más sabio, no puede suceder nada en el mundo que no se pueda probar con la regla del máximo y el mínimo".

Dejemos las implicaciones teológicas y volvamos a la genial obra de Euler y a sus implicaciones matemáticas y físicas. Un ejemplo de estas trayectorias que se obtienen al minimizar la distancia son las curvas llamadas geodésicas. Por ejemplo, en un plano, la trayectoria de mínima distancia entre dos puntos dados es el segmento recto; en una esfera, vendrá dado por sus círculos máximos.

Estamos pues ante un momento crucial en la historia de la humanidad pues se dará inicio a una rama de la matemática y de la física que ha sido clave para los fundamentos de la física del siglo XX, incluyendo la relatividad general, el electromagnetismo, la mecánica cuántica… Obviamente este libro fundamenta los trabajos previos de algunos de los principales protagonistas del capítulo anterior: Newton, Leibniz, los hermanos Bernoulli, pues entre los problemas particulares que abordaba el cálculo variacional estaban el problema de la braquistócrona o la catenaria, que ya hemos tratado anteriormente.

En 1755, Joseph-Louis Lagrange, matemático y físico de 19 años, escribió una breve carta a Euler a la que adjuntó un apéndice matemático con una técnica que mejoraba la aproximación de Euler. Como relataba el propio Euler contestando a la carta de Lagrange:

> Vuestra solución al problema isoperimétrico no deja nada que desear y me regocijo de que este tema del que solo yo, desde las primeras fases, me preocupaba, haya sido llevado por vos al más alto grado de perfección. La importancia de la materia me ha estimulado a trazar con ella, con la ayuda de vuestras luces, una solución analítica, a la que no daré publicidad hasta que vos mismo hayáis publicado la serie de vuestros descubrimientos para no arrebataros ninguna parte de la gloria que os es debida.

Además de las otras numerables virtudes de Euler, extraemos de este texto su admirable integridad moral. Volviendo a la interesante historia de Euler, finalmente fue presidente en funciones de la academia tras una larga enfermedad de Maupertuis y, tras su fallecimiento, su presidente.

Como ya hemos mencionado, las relaciones con el monarca Federico II no eran muy buenas pues siempre prefería a intelectuales brillantes en conversación y divertidos en la vida de salón (como era el caso de Voltaire) y se refería a Euler como "este gran cíclope de la geometría", con escaso sentido del humor dado que ya hemos comentado que Euler era tuerto. Todo ello contribuyó a que Euler decidiese volver a la academia de San Petersburgo donde se le tenía en mucha más estima.

Federico II nombró a Lagrange nuevo presidente de la academia y todavía dolido afirmó que "hemos cambiado un geómetra con dos ojos por otro con solo uno". No era el sarcasmo una de sus virtudes, obviamente.

En San Petersburgo, en 1766, Euler fue recibido con todos los honores por la emperatriz Catalina la Grande. Una nueva enfermedad le hizo empezar a perder la visión del único ojo que le quedaba, obligándole a trabajar en una pizarra donde escribía con letra muy grande. Pero su trabajo no disminuyó, pues estamos hablando de uno de los grandes genios de la historia de la humanidad, con una memoria prodigiosa y capaz de hacer los cálculos en el interior de su cabeza. Pero esta desgracia no vino sola: en 1771, un incendio asoló la casa de Euler, pero consiguió salir de la casa gracias al valor de un vecino suyo, que lo llevó sobre su espalda.

Así transcurrió la vida de Euler hasta su final en 1783, a la edad de 76 años, como nos narra su colaborador y secretario personal Nicholas Fuss: "Algunos accesos de vértigo que sufrió los primeros días de septiembre no le impidieron calcular el movimiento de los globos aerostáticos, basándose en los escasos datos hechos públicos, logrando resolver una difícil integración que exigían estos cálculos. Estos vértigos fueron el anuncio de su muerte el 7 de septiembre. Ese mismo día conversó en la sobremesa sobre el nuevo planeta [Urano] con M. Lexell, que había venido a verle, y más tarde nos habló de otros temas con su agudeza usual. Acababa de ponerse a jugar con uno de sus nietos cuando sufrió un ataque de apoplejía. Antes de perder el conocimiento solo pudo decir 'Me muero', y así terminó la gloriosa vida pocas horas más tarde".

Es imposible relatar todos los logros y avances científicos que debemos a Euler. Como reseña el matemático ruso Youschkevitch, su producción científica en distintas etapas de su vida fue increíble y estamos hablando de artículos que cambiaron el panorama de la ciencia. También nos hace pensar si jubilar anticipadamente a personas de gran nivel es productivo.

EDAD	TRABAJOS	PORCENTAJE SOBRE EL TOTAL (%)
De los 18 a 27 años	35	5
De los 28 a 37 años	50	7
De los 38 a los 47 años	150	20
De los 48 a los 57 años	110	14
De los 58 a los 67 años	145	19
De los 68 años a los 76 años	270	35

TEMÁTICAS	PORCENTAJE (%)
Álgebra, análisis y teoría de números	40
Mecánica y física general	28
Geometría, incluyendo trigonometría	18
Astronomía	11
Teoría naval, arquitectura y balística	2
Filosofía, música, teología y otros	1

Como vemos, sería imposible en un libro de estas características comentar todos los desarrollos llevados a cabo por Euler. Destacaremos, por el tema de este libro, también su *Introductio in analysin infinitorum*, publicado en 1788, que supone el nacimiento formal de una rama de las matemáticas, el análisis, que es sin duda un momento clave de la historia de la ciencia y de la humanidad. Allí aparece con claridad y en papel protagonista el concepto de función. Utilizó en su obra las cantidades infinitesimalmente pequeñas (infinitesimales), preocupado en su uso y comportamiento más que su definición rigurosa. Así, estas cantidades eran cero o acabarían siendo cero, aunque podríamos hacer divisiones entre ellas, dando luz al concepto de derivada que se obtiene a partir del cociente

$$\frac{f(x+\Delta x)-f(x)}{\Delta x}.$$

Habría que esperar al siglo XIX para fundamentarlo adecuadamente y tal como se enseña actualmente, pero en esta sensacional obra ya estaban las bases de esta rama de las matemáticas.

¿Cuándo puedo irme a jugar?

Es verdad, nos habíamos olvidado de las princesas, que ya deben de estar algo fatigadas tras disfrutar durante horas de las cartas de Euler. Sin embargo, tendrán temas para hablar, porque las cartas de Euler les explicaban temas tan interesantes como por qué la Luna parece más grande cuando surge del horizonte, explica el frío en el alto de las montañas de los trópicos, el tamaño de la Tierra...

Cartas a una princesa de Alemania sobre diversos temas de Física y Filosofía se ha convertido en su libro más leído y constituye uno de los mejores ejemplos de divulgación de la ciencia.

CAPÍTULO 4

La sagacidad de las abejas

Sin duda muchos recordaremos una pegadiza canción de una serie infantil que decía: "[…] no hay problema que no solucione Maya […]".

Si mi gastada memoria no me engaña, los problemas que resolvía la sagaz abejita no eran normalmente matemáticos. Quizá esto sea un error de los guionistas, pues verdaderamente las abejas están "resolviendo" problemas matemáticos realmente complejos. Algunos de ellos han tardado casi 2000 años en encontrar una solución matemática. Además, veremos qué tienen que ver las abejas con nuestras previamente descritas princesas.

Saltemos otra vez al pasado y vayamos a los tiempos de la Roma de Julio César y Pompeyo. Al final de un tratado sobre la agricultura nos encontramos unas recomendaciones sobre la apicultura escritas por el político, militar y literato Marco Terencio Varrón. Varrón nos habla de las construcciones hexagonales de los panales de las abejas y, además, dice: "Los geómetras prueban que este hexágono inscrito en una figura circular contiene la cantidad más grande de espacio".

Veamos, a continuación, qué quería decir Varrón y qué hay detrás de sus palabras. Para ello, empecemos nuestra historia en Alejandría, junto al delta del río Nilo hacia el año 340 d. C. Allí, en su orilla, nos encontramos al geómetra Pappus escribiendo *La colección matemática* en ocho tomos, una gran enciclopedia de la geometría clásica. Se observan, en algunos de sus tomos, muchas cosas interesantes, y algunas de ellas deberían resultarles familiares. Así, en el tomo VII, Pappus se preocupa de problemas de volúmenes de sólidos engendrados por rotación de una curva sobre una recta que no la corte. Se describe el valor de dicho volumen como el área encerrada por la curva, multiplicada por la longitud de la circunferencia que pasa por el centro de gravedad. Pero estos temas de cubaturas ya fueron tratados en los capítulos anteriores. Para lo que nos interesa aquí, en el tomo V encontramos el siguiente pasaje, no carente de belleza literaria, que traducido libremente dice:

Por supuesto es al hombre a quien ha dado Dios la mayor y más perfecta sabiduría, en general, y de las ciencias matemáticas, en particular, pero también ha asignado a algunos animales irracionales parte de estas cosas. A los hombres, como seres dotados de razón, les permitió que actuasen bajo la luz de la razón y la demostración, pero a los otros animales, mientras que les denegaba el uso de la razón, les concedió, gracias al instinto natural, obtener todo cuanto sea necesario para sobrevivir. Se ha observado que este instinto existe en muchos seres vivos, pero sobre todo en las abejas. En primer lugar, su orden y su sumisión a las reinas, que gobiernan en el estado, son verdaderamente admirables, pero mucho más admirable todavía su emulación, la limpieza que mantienen en la recolección de miel, y la previsión propia de un ama de casa y el cuidado que dedican a su preservación. Probablemente, porque saben que tienen la tarea de llevar a la humanidad una parte de la ambrosía de los dioses; y como no piensan en verterla descuidadamente en un suelo de madera, o en cualquier otro material feo e irregular, se preocupan, en primer lugar, de la recogida de dulces de las más hermosas flores que crecen en la tierra, y hacen de ellos, para la recepción de la miel, los envases que llamamos panales (con sus celdas), todos iguales, similares y contiguos entre sí, y en forma hexagonal. Podemos inferir que esto se consigue en virtud de una cierta previsión geométrica. Deben razonar que estas figuras deben ser contiguas unas a otras, es decir, con lados comunes, para que no pueda entrar por los intersticios entre ellos ningún material extraño y así contaminar la pureza de sus productos.

> Hay solo tres figuras rectilíneas que cumplen esa condición, me refiero a figuras regulares que son equiláteras y de ángulos iguales, porque las abejas no considerarían ninguna de las figuras que no son uniformes... No habiendo entonces más que tres figuras capaces por sí mismas de llenar el espacio exactamente sobre el mismo punto, las abejas, a causa de su sabiduría instintiva, han elegido para la construcción del panal, la figura que tiene mayor número de ángulos, ya que conciben que podría contener más miel que cualquiera de las otras dos. Las abejas, entonces, saben exactamente la figura que les es útil, que el hexágono es mayor que el cuadrado y el triángulo y que con una misma cantidad de materia gastada para la construcción de cada figura, el hexágono podrá contener más miel. Pero, en cuanto a nosotros, que pretendemos poseer una mayor sabiduría que las abejas, investigaremos algo más amplio, a saber, que de todas las figuras planas equiláteras y equiángulas de idéntico perímetro, la que tiene un número mayor de ángulos es siempre mayor (en área), y la mayor de todas es el círculo, que tiene su mismo perímetro.

La lectura de este pasaje nos puede llevar a algunas reflexiones iniciales. Leemos una conexión clara con nuestra princesa Dido, pues Pappus vuelve a mencionar el problema isoperimétrico al final del texto. También, Pappus nos dice que para construir el panal, las abejas eligen los hexágonos, pues se preocupan de la economía. Su objetivo: utilizar la mínima cantidad de cera que permita contener una cantidad fija de miel. Y nos comenta que solamente hay tres posibilidades para conseguir este ahorro de recursos, el teselado o embaldosado en triángulos equiláteros, en cuadrados y en hexágonos regulares, siendo el mejor este último (véase el capítulo 5 para una prueba elemental). Más tarde, Charles Darwin, en *El origen de las especies*, encontrará una explicación a este hecho: "El principio motor del proceso de la selección natural ha sido economizar la cera; aquellos enjambres que ahorren más miel en la producción de cera habrían sobrevivido".

Siguiendo este razonamiento, y con una dosis de fantasía, diríamos que las abejas que hayan elegido los panales hexagonales habrían sobrevivido en la evolución a las hipotéticas abejas que los hicieron triangulares o cuadrados.

Intentando retomar la seriedad, diríamos que el problema que se está resolviendo podría expresarse así, con cierta imprecisión:

Conjetura del panal de abejas: cualquier partición del plano en regiones de igual área tiene como mínimo el mismo perímetro que la división hecha con hexágonos regulares.

En palabras más llanas y en una visión bidimensional vemos que las abejas están logrando minimizar la cera necesaria para construir su panal, logrando que cubra la mayor área posible. Además, no hay otra posibilidad que sea mejor que los hexágonos regulares.

El problema de que los hexágonos, a estos efectos, sean preferibles a los triángulos equiláteros o cuadrados ya era bien conocido en la matemática griega. Al parecer, la prueba estaba contenida en la obra del matemático griego Zenodoro (200-140 a. C., aproximadamente) titulada *Sobre las figuras isométricas*.

Pero, para un matemático, el problema no está resuelto. ¿Por qué limitarse a polígonos regulares? Esto es, obviamente, muy restrictivo, y, además, se nos comenta en el texto de Pappus que no se admiten intersticios o espacios vacíos entre las figuras, teniendo que ser todas contiguas. Si admitimos en toda generalidad el problema, se vuelve muy difícil de probar. Esto solo se ha conseguido muy recientemente.

Uno de los grandes pasos en la prueba lo dio el matemático húngaro László Fejes Tóth (1915-2005), que en 1943 dio una prueba de este problema en el caso restrictivo de que las celdas fuesen convexas[2]. La hipótesis de convexidad es

2. Se dice que un conjunto es convexo cuando, para dos puntos del conjunto, el segmento que los une está también contenido en el conjunto.

excesivamente restrictiva, pues inmediatamente fuerza a que los bordes de las celdas sean polígonos, remitiéndonos a la prueba ya conocida. Solamente en 1999, el matemático norteamericano Thomas C. Hales (1958), de la Universidad de Pittsburgh, logró probar la conjetura del panal en toda su generalidad.

La demostración de esta conjetura ya garantizaba la fama para Hales, pero, no contento con eso, afrontó un nuevo reto: esta vez se trataba de un problema que *solo* llevaba 400 años abierto. Aunque esto nos aparte por un momento de las abejas, permítanme que cuente algunos antecedentes antes de formular el problema.

Empecemos con sir Walter Raleigh (1552-1618), escritor, navegante y aventurero inglés, aunque, desde la perspectiva española, diríamos simplemente "un pirata de tomo y lomo". Se cuenta, con poca fiabilidad, que fue el que comenzó la costumbre de tirar la capa al barro para que pasase una señora, costumbre que bien pudo valerle el acceso a los aposentos de la reina Isabel I. Todo ello le permitió obtener la recompensa típica de aquellos tiempos; hablamos, por supuesto, de la decapitación en la Torre de Londres. Estos aspectos, aunque interesantes, no tienen mucho que ver con lo que nos concierne. Una de las cosas que hizo bien Raleigh fue ir acompañado por un matemático, Thomas Harriot (1560-1621). Raleigh le preguntó sobre el número de balas de cañón que se apilaban en la cubierta de un barco, pregunta, reconozcámoslo, propia de piratas. Harriot pudo contestarla sin dificultad, pero surgía la cuestión de si ese era el apilamiento óptimo o si había alguno mejor. Es decir, si ese apilamiento rellena la mayor proporción posible de espacio, dejando menos intersticios entre las balas de cañón. Esta fue la pregunta que se hizo el gran Johannes Kepler (1571-1630) a petición de Raleigh. Ya conocemos bien a Kepler por sus revolucionarias leyes que prescribían cómo los planetas se movían elípticamente alrededor del Sol.

En nuestro caso, Kepler se plantea el problema del empaquetamiento de esferas, observando que no hay un método que mejore el de los piratas. Este método consiste en colocarlas primero en hileras en un plano, tocándose unas con otras y las hileras juntas. Si consideramos ahora tres esferas vecinas de la capa de abajo, podremos colocar una cuarta en el hueco de encima que dejan estas tres esferas. Así, podemos proceder sucesivamente aumentando el número de capas. Esta forma de apilar esferas se conoce como red cúbica centrada en caras o empaquetamiento cúbico compacto.

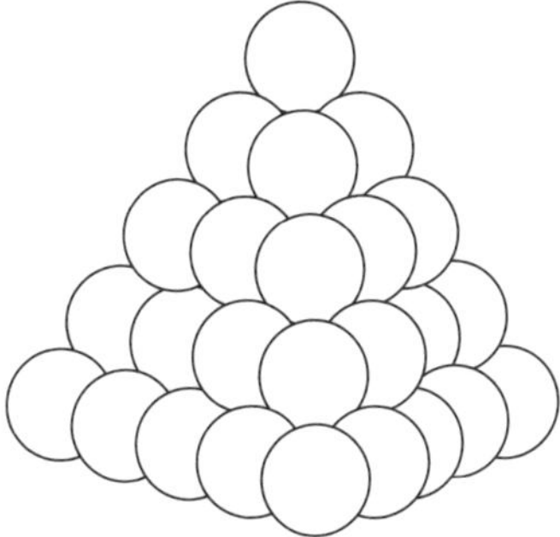

En 1611 Kepler se preguntó si era este el apilamiento o empaquetamiento de esferas óptimo.

Conjetura de Kepler: no hay un empaquetamiento de esferas iguales que tenga densidad mayor que la red cúbica centrada en caras.

En este enunciado, por densidad se entiende la parte del espacio que llenan las esferas, dejando el resto libre. La red cúbica centrada en caras tiene una densidad de $\frac{\pi}{\sqrt{18}} \approx 0{,}74$. Si le preguntásemos a un frutero, cansado de apilar naranjas, nos diría que esta es la forma obvia y que no le molestemos con preguntas tan ingenuas. Bien, es cierto, pero hay una gran diferencia entre la intuición y la demostración rigurosa. Algo que parece evidente puede ser muy difícil de demostrar, como veremos que sucedió en este caso. Además, ya hemos advertido, en el capítulo de la princesa Dido, sobre los peligros de dejarse llevar solamente por la intuición.

En primer lugar, es fácil construir otros empaquetamientos que nos den la misma densidad. ¿Habrá alguno extraño que nos dé menor densidad? La pregunta permaneció inabordable hasta que uno de los más grandes matemáticos de la historia se interesó por este problema. Hablamos de Carl Friedrich Gauss (1777-1855), "el príncipe de los matemáticos" (¡este título no solo está reservado a las protagonistas de este libro!). Demostró que si el empaquetamiento es periódico, la conjetura de Kepler era cierta, pero la conjetura en su generalidad total estaba aún muy lejos de encontrar una prueba.

En 1900, el gran matemático David Hilbert (1862-1943) se dirige a los matemáticos del mundo con las siguientes palabras: "¿Quién de nosotros no quisiera levantar el velo tras el cual yace escondido el futuro, y asomarse, aunque fuera por un instante, a los avances de nuestra ciencia y a los secretos de su desarrollo ulterior en los siglos futuros? ¿Cuáles serán las metas particulares que tratarán de alcanzar los líderes del pensamiento matemático de las generaciones futuras? ¿Qué nuevos métodos y nuevos hechos nos depararán los siglos por venir en el ancho y rico campo del pensamiento matemático?". Esto sucedió en París durante el Congreso Internacional de Matemáticos de 1900. Además, Hilbert propone su famosa lista de 23 problemas como un reto para las mejores mentes matemáticas del momento y del futuro. Algunos se han conseguido resolver, otros todavía esperan su descubridor. Si miramos esa lista, en el problema 18 de Hilbert encontramos nuestra conjetura de Kepler, que permanecía todavía insondable en el año 1900.

Solamente, en agosto de 1998, Hales, con la ayuda de su alumno Samuel P. Ferguson, anunció una prueba definitiva de la conjetura de Kepler. Definitiva, en un sentido que ha dado muchos quebraderos de cabeza a los matemáticos, pues en su anuncio, Hales comenta: "He publicado un plan detallado describiendo cómo la conjetura de Kepler debe ser probada. Esta aproximación difiere significativamente de otras realizadas a este problema, pues se hace un uso extensivo de ordenadores".

La prueba de la conjetura encontrada por Hales ocupaba ¡282 páginas de cálculos matemáticos! Lo que más inquietaba a los matemáticos era que el ordenador reemplazaba los argumentos convencionales en muchos puntos, necesitando largos cálculos computacionales para verificar cada argumento dado en las páginas de la demostración. Así, el ordenador se empleaba en la verificación de desigualdades, en análisis combinatorio, problemas de programación lineal (donde un problema típico tiene de 100 a 200 variables junto a 1000 o 2000 restricciones, y, lo que es más grave, ¡hay unos 100 000 problemas de este tipo en la prueba!), optimización no lineal..., entre muchos otros.

Obviamente, comprobar que la demostración era correcta no era un asunto trivial. Finalmente, se publicó en la prestigiosa revista *Annals of Mathematics* en 2005. La publicación estaba encabezada por un inusual editorial de la revista, que informaba que había partes del artículo que no había sido posible comprobar, a pesar de que había contado con 12 revisores que comprobaron la veracidad de la demostración. Además, se señalaba que estos expertos revisores creían que la prueba era correcta con una seguridad del 99%. ¡Algo sorprendente en matemáticas, donde habitualmente la demostración está bien o mal y no hay casos intermedios! Esto se debe a la imposibilidad de examinar uno a uno los programas necesarios para confirmar la prueba.

Apenas trascendió la noticia de la solución, al parecer un grupo de agricultores norteamericanos envió este mensaje a Hales: "Con las naranjas funciona perfectamente; por favor, díganos cómo lo podemos hacer con las alcachofas".

Pero, volviendo a nuestras sagaces abejas, el lector habrá pensado que ni los panales son planos, como se había asegurado en la conjetura del panal, ni guardan su miel en los empaquetamientos esféricos de la conjetura de Kepler. La estructura tridimensional del panal de abejas es un tema muy interesante. Observamos que el panal es una estructura de cera que forma una capa plana. Como vemos en el dibujo, esta capa está formada por dos filas de celdas hexagonales que están unidas por su parte de atrás.

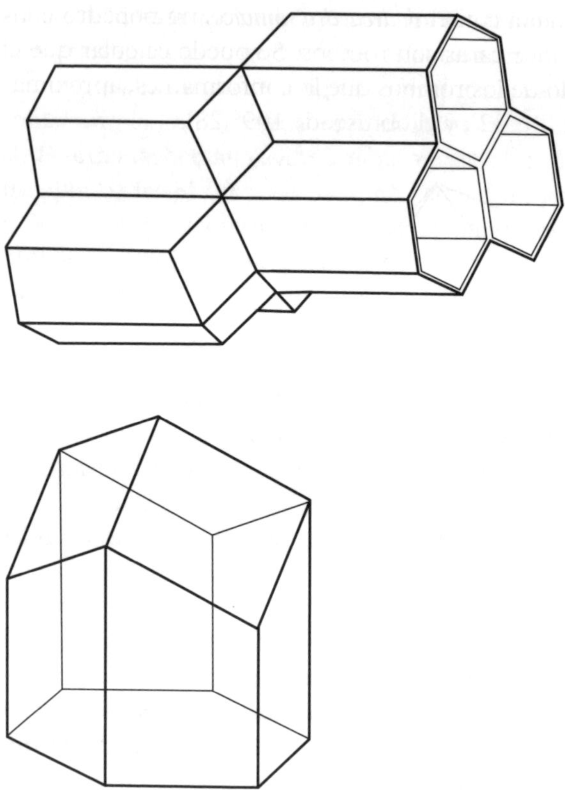

Las celdas, por la parte de delante, exhiben la estructura hexagonal que ya había maravillado a Pappus, pero también es muy curiosa la estructura que aparece por detrás, donde aparecen tres rombos iguales. Esta estructura ya causó sorpresa a Kepler, que la describió con detalle, como vemos en la imagen anterior. Las celdas opuestas se unen por estos rombos, separándose por una superficie zigzagueante en vez de por un plano. Observemos que cada celda está en contacto con tres celdas del lado opuesto.

¿Hay también oculto algún principio economizador en la formación de estas estructuras tridimensionales tan extrañas y sorprendentes?

Kepler pensó que la estructura del estos rombos debía estar relacionada con el *dodecaedro rómbico*, un poliedro convexo cuyas doce caras son rombos. Se puede calcular que el ángulo agudo de los rombos que lo conforman es, aproximadamente, de 70° 32'; y el obtuso, de 109° 28'.

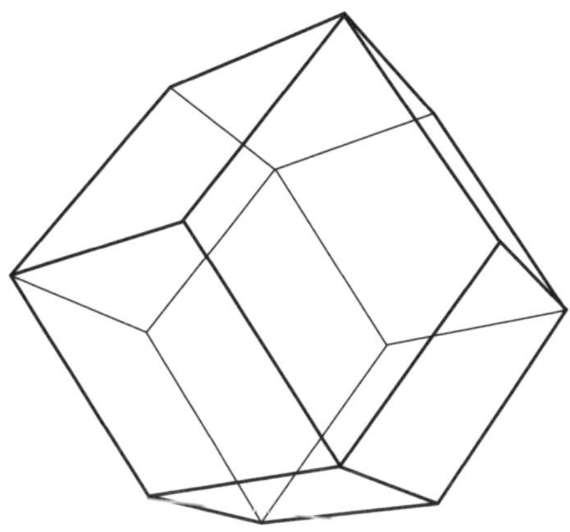

Más tarde, desconociendo en principio este hecho, el astrónomo Giacomo Filippo Maraldi (1665-1729), que trabajaba en el Observatorio de París, además de observar el cielo de noche, se dedicaba a observar las abejas del jardín de día (¡curiosa afición!) y nos comenta que "la base de cada alveolo está formada por tres rombos casi siempre iguales y parecidos que, a tenor de las medidas que hemos tomado, tiene los dos ángulos obtusos cada uno de 110° y, en consecuencia, los dos ángulos agudos de 70°". Más adelante, ya con argumentos geométricos, precisa aún más los ángulos a los ya conocidos, 109° 28' y 70° 32'. Saber cómo midió los ángulos de algo tan pequeño con tanta precisión escapa a nuestra comprensión y a la de alguno de sus contemporáneos.

Más tarde, el científico francés René Antoine Ferchault de Réaumur (1683-1757) postuló que estos ángulos debían estar relacionados con la minimización de la cera en la construcción del panal. Propuso el problema a un, por entonces, joven matemático, Johann Samuel König (1712-1757). Aunque desconocemos los métodos que usó en su demostración, sabemos que ya disponía de los métodos del cálculo infinitesimal de Newton y Lebniz para encontrar máximos y mínimos de funciones. Los ángulos que calculó en 1712, usando métodos matemáticos, fueron de 70° 34' y el obtuso, de 109° 26', con una diferencia de solamente 2' con los ya mencionados. Más tarde, se descubrió que esta discrepancia se debía a un error en las tablas que usó König al realizar sus cálculos. Unos años después, el matemático escocés Colin Maclaurin (1698-1746) encuentra matemáticamente, usando métodos geométricos, exactamente los valores postulados por Maraldi.

La demostración de este hecho es algo que solamente necesita unas sencillas consideraciones geométricas y el cálculo de mínimos de funciones de una variable; es decir, está al alcance de alumnos de Bachillerato, lo que sería un excelente ejercicio para ellos.

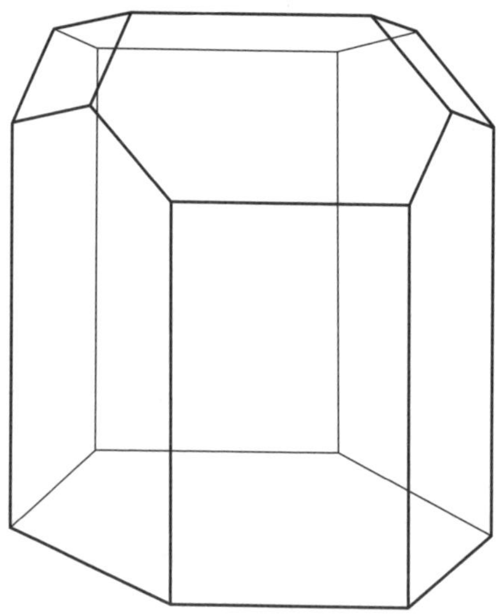

Así pues, podemos concluir que, de las configuraciones con tres rombos iguales, la elegida por las abejas es la mejor. No se celebre todavía este hecho en granjas apícolas y colmenas, pues, más tarde, en 1964, el ya mencionado matemático László Fejes Tóth descubrió que un final terminado en una combinación de dos hexágonos y dos rombos permitiría un ahorro de cera. Por tanto, la configuración elegida por las abejas no sería la mejor posible desde este punto de vista matemático. Como explica el autor: "Tenemos que admitir que todo esto no tiene consecuencias prácticas. Si las abejas construyeran estas celdas ahorrarían por cada celda menos de 0,35% del área de una apertura (y mucho menor porcentaje de la superficie de una celda). Por otra parte, las paredes de las celdas tienen un grosor que no debemos despreciar. Además, las aperturas de las celdas están lejos de ser exactamente regulares. Asimismo, el estilo de construir de las abejas es claramente más sencillo que el que se escribe arriba. Por lo tanto, esto no es suficiente para socavar la convicción de que las abejas tienen una intuición geométrica profunda".

Tóth mostró una forma que es más económica que la usada en un panal de abejas de tres rombos, pero descubrir la forma que es la más económica de todas es un problema abierto que nadie ha determinado todavía.

Pasemos ahora a un problema relacionado con lo que acabamos de comentar.

La conjetura de lord Kelvin

Sir William Thomson, lord Kelvin (1824-1907), fue un magnífico científico británico que hizo grandes contribuciones en física, matemáticas e ingeniería. Es mundialmente conocido porque postuló la existencia de una temperatura más baja posible, que equivale a -273,15 °C o, lo que es lo mismo, 0 K, en honor a Kelvin. Entre otros muchos logros, destacan sus contribuciones en termodinámica, electricidad o como impulsor y promotor de la telegrafía submarina. En lo que a nosotros concierne, Kelvin propuso en 1887 el problema de encontrar la partición del espacio en celdas de igual volumen que minimicen el área superficial. Esto se puede hacer con cubos, o mejor, con los dodecaedros rómbicos que hemos visto antes, pero ¿cuál es la óptima?

La solución que propuso Kelvin fue usar octaedros truncados, que ciertamente mejoraban anteriores resultados. Kelvin pensaba que esta era la solución óptima y que solamente quedaba encontrar una demostración matemática a su conjetura. Desafortunadamente o no, Kelvin se equivocaba, pues recientemente, en 1994, dos físicos irlandeses, Denis Weaire y Robert Phelan, encontraron un contraejemplo a la conjetura de Kelvin, es decir, hallaron una configuración con menor área superficial.

El problema de Kelvin sigue abierto, es decir, sin solución, y algunos matemáticos predicen que se tardarán al menos cien años en resolverse.

Nota aclaratoria

Como habrán comprobado, me he dejado llevar un poco por la pasión y puede parecer que mi única hipótesis en la construcción de los panales es un comportamiento economizador de las abejas, presuponiéndoles un conocimiento matemático innato, una sagacidad propia de su especie, quizá inducida por el proceso de la selección natural. También puede ser debido a una sobreexposición, durante la infancia, a series infantiles protagonizadas por abejas habladoras.

Sea cual fuere la razón, se pueden dar razones físicas para explicar la formación de hexágonos en los panales. Así lo explica DArcy Thompson (1860-1948) en su incomparable obra *Sobre el crecimiento y forma*:

> La más famosa de todas las formaciones hexagonales, y una de las más bellas, es la celdilla de un panal. Como en el basalto o en el coral, nos encontramos con un conjunto de cilindros iguales, de sección circular,

comprimidos hasta transformarse en prismas hexagonales; pero en este caso existen dos capas de estos cilindros o prismas en contacto una con otra, una mirando hacia un lado y otra hacia el otro, lo cual supone un nuevo problema en relación con sus extremos. Podemos suponer que los cilindros originales tienen extremos esféricos, que es la forma natural y simétrica de terminarlos. Es evidente que para agruparlos apretadamente el extremo de cada cilindro de una capa tocará y encajará con los extremos de tres cilindros de la otra.

Así como resulta evidente que por la presión mutua de los lados de las seis celdillas adyacentes, cada celdilla se deformará hasta convertirse en un prisma hexagonal, también es obvio que por presión mutua contra los extremos de las celdillas opuestas, el extremo de la pirámide se comprime, formando una pirámide triédrica.

Esta es, quizá, la razón por la que las abejas no acuden a facultades de economía ni a cursos de optimización. Las abejas, al tener una sección transversal aproximadamente circular y trabajar todas juntas en cera blanda, van formando un patrón hexagonal. Esto se puede ver tomando un puñado de monedas iguales y colocándolas juntas encima de una mesa; enseguida vemos el patrón hexagonal que se conforma. Lo mismo ocurre en el problema tridimensional, en la formación de los tres rombos en los extremos.

Otras habilidades matemáticas de las abejas

La danza de las abejas es un medio de comunicación sorprendente que sirve para informar a otras abejas de la localización exacta de una fuente de alimentos, por ejemplo, un grupo de apetitosas flores. Esto fue descubierto por el biólogo austriaco y premio nobel en 1973, Karl von Frisch (1886-1982).

Von Frisch preparó una serie de meticulosos y precisos experimentos para comprender la naturaleza y explicación de las diferentes coreografías realizadas por las abejas en su danza. Probó experimentalmente que la abeja que volvía de una exploración fructífera daba a sus compañeras de la colmena información precisa sobre la distancia, orientación y calidad del lugar.

Por ejemplo, cuando una abeja afortunada encuentra un conjunto de flores, si la fuente de alimentación está a menos de unos 100 metros, la abeja danzará en círculo. Si, en cambio, las flores estuvieran más lejos, danzará en forma de ocho, primero siguiendo una línea recta, seguido de un semicírculo y luego un semicírculo en la dirección contraria. Estos giros los repite la abeja varias veces transmitiendo, junto a movimientos rápidos de su abdomen, el llamado meneo de la abeja, información más precisa de la distancia. Además, influyen otros factores en esta transmisión, por ejemplo, el sentido olfativo, que informa del tipo de fuente alimenticia encontrada.

También, la abeja está precisando la dirección hacia donde está la fuente de alimentación. Para ello, forma un ángulo con la vertical de la colmena en su danza, transmitiendo a sus congéneres el ángulo formado entre la recta definida por la colmena y el Sol y entre la recta imaginaria fijada por la colmena y las flores.

Una de las cosas más sorprendentes es que las abejas, en su danza, no necesitan ver el Sol. Al parecer, tienen la capacidad de inferir la posición del Sol simplemente viendo el cielo azul. Esto está relacionado con la asombrosa capacidad de las abejas de percibir la dirección de vibración de la luz polarizada del Sol, pudiendo entonces inferir exactamente dónde está ¡sin verlo!

Todos estos hechos fueron comprobados por Von Frisch utilizando detallados experimentos. La consecuencia que se deriva es que las abejas utilizan un lenguaje simbólico bastante complejo, lo que, evidentemente, trajo las consabidas críticas. Para algunos, esto erosionaba la antigua concepción de que solamente el *Homo sapiens* era capaz de utilizar un lenguaje, a diferencia de otros modos de comunicación de los animales. Por supuesto, se produjeron por este motivo críticas al trabajo de Von Frisch, pero este únicamente empleó con rigor el método científico para sacar sus conclusiones.

Bien, lo que nos interesa es que las abejas están comunicando la posición de un punto del plano, utilizando dos parámetros: una distancia y un ángulo, en vez de usar las más populares *coordenadas rectangulares*. Esto es lo que en matemáticas llamamos representación en coordenadas polares de un punto del plano. Su uso es muy frecuente, e históricamente se empezó a usar para facilitar cálculos astronómicos y mejorar la representación de curvas.

Muchos de los matemáticos que hemos conocido en capítulos anteriores, como Cavalieri, Newton o Jacob Bernoulli, emplearon estas coordenadas en diferentes problemas.

CAPÍTULO 5

Apendicitis matemática

Llamamos de este extraño modo a este capítulo, pues puede ser extirpado del libro sin producir daños aparentes a la lectura del resto. Además, los que sientan dolor ante expresiones matemáticas, también podrán recurrir a la cirugía. En cualquier caso, como autor y, por tanto, parte subjetiva del asunto, recomiendo su lectura.

Apéndice A: dos números fascinantes

A lo largo del texto han surgido dos números con los que quizá algunos lectores no estén familiarizados. Ambos, además de su utilidad práctica, causan fascinación a cualquier ser pensante. Hablamos, claro está, de los números π y e.

No hablemos ni de mí ni de ti, hablemos de pi

Si calculásemos el área de un círculo de radio 1 con suficiente precisión, comenzaríamos a obtener este valor:

3,1415926535…

Asimismo, obtendríamos el mismo valor para la longitud de una circunferencia de diámetro 1.

Este era el modo como veían los matemáticos griegos al número pi, denotado por π, como la razón entre la longitud de la circunferencia y su diámetro. ¡Sorprendente! De la figura más simétrica posible, la circunferencia, surge un número concreto.

Anteriormente a los griegos, se habían encontrado aproximaciones, más o menos válidas, al valor de π. Por ejemplo, los babilonios lo aproximaban como $3+\frac{1}{8}=3{,}125$ y en el antiguo Egipto, como $\frac{256}{81}\approx 3{,}1605$. En la Biblia se estima el valor de π como 3, por ejemplo, en el siguiente pasaje: "Hizo una fuente de metal fundido que medía 10 codos de diámetro: era completamente redonda, y su altura era de 5 codos y una línea de 30 codos lo rodeaba" (Libro de los Reyes 7, 23).

Estas aproximaciones hechas por todas las civilizaciones fueron más o menos groseras. Cuando el número π nace, matemáticamente, es con Arquímedes (287-212 a. C.), uno de los más grandes de la historia. No solo su obra fue clave en las matemáticas, además fue un magnífico investigador aplicado y un ingeniero consumado.

Para calcular un valor aproximado de π, Arquímedes comparó la circunferencia de un círculo con los perímetros de polígonos inscritos y circunscritos. Empezaba con hexágonos regulares y los iba bisecando para obtener polígonos de 12 lados; volvía a hacerlo y obtenía polígonos de 24, de 48, deteniéndose finalmente en polígonos de 96 lados. Más adelante veremos algo de esto.

La aproximación obtenida por Arquímedes era esta: $3+\frac{10}{71}<\pi<3+\frac{1}{7}$; es decir, que el número π debía estar entre 3,1408 y 3,1429. Además, Arquímedes prueba, en su obra *Sobre la esfera y el cilindro*, el volumen de la esfera de radio r, relacionándolo con el volumen del cilindro circunscrito, llegando a que:

Volumen de la esfera$=\frac{4}{3}\pi r^3$.

También demostraba que el área superficial de la esfera es $4\pi r^2$.

Utilizando una idea similar a la de Arquímedes, el matemático francés François Viète (1540-1603), Vieta en castellano, obtuvo la siguiente bella aproximación del número π:

$$\frac{2}{\pi}=\sqrt{\frac{1}{2}}\times\sqrt{\frac{1}{2}+\frac{1}{2}\sqrt{\frac{1}{2}}}\times\sqrt{\frac{1}{2}+\frac{1}{2}\sqrt{\frac{1}{2}+\frac{1}{2}\sqrt{\frac{1}{2}}}}\times\ldots$$

Usando técnicas similares a las de Arquímedes y Vieta, Ludolph van Ceulen (1540-1610) comenzó una labor titánica: calcular el mayor número de cifras decimales de π, llegando a calcular 35 cifras decimales ¡usando polígonos con 2^{62} caras! No es extraño que Van Ceulen hiciese grabar esta aproximación en su tumba. ¡No sabemos si por orgullo o porque fue la causa de su muerte! Actualmente, con el uso de ordenadores, hemos sido capaces de calcular millones de cifras decimales del número π.

Algunas de las expresiones más bellas y sorprendentes del número π son la ya mencionada de Wallis:

$$\frac{\pi}{2}=\frac{2\cdot 2\cdot 4\cdot 4\cdot 6\cdot 6\cdot 8\cdot 8\ldots}{1\cdot 1\cdot 3\cdot 3\cdot 5\cdot 5\cdot 7\cdot 7\ldots}$$

y las que encontramos en la obra del gran matemático Leonhard Euler:

$$\frac{\pi}{4}=1-\frac{1}{3}+\frac{1}{7}-\frac{1}{9}\ldots$$

o

$$\frac{\pi^2}{6}=1+\frac{1}{2^2}+\frac{1}{3^2}+\frac{1}{4^2}\ldots$$

Pero la pregunta más interesante sobre la naturaleza de este número es: ¿qué tipo de número es π? Hemos visto que muchas de las aproximaciones a este misterioso número se hacen mediante fracciones. ¿Será posible expresar π como una fracción? O, como decimos los matemáticos, ¿será π un número racional? Pues bien, la respuesta es… no. El número

π no se puede expresar como el cociente de dos números enteros. Esto fue demostrado por el matemático Johann Heinrich Lambert (1728-1777); es decir, π es un *número irracional.*

Los matemáticos siempre queremos ir más allá. En concreto, también se ha demostrado que π no se puede obtener como una solución de una ecuación algebraica con coeficientes enteros, es decir, π es un número trascendente. Este último hecho fue probado por el matemático alemán Ferdinand von Lindemann (1852-1939).

El número e nos ayuda a navegar

Otro número de considerable interés es el número *e*, que es notablemente más joven que π. El valor aproximado de este número es:

$$e \approx 2{,}7182\ldots$$

El número *e* pudo muy bien surgir con la invención de los logaritmos. Los logaritmos fueron uno de los avances teóricos más importantes, pues permitían convertir multiplicaciones, que evidentemente son complicadas, en sencillas sumas. La propiedad crucial de los logaritmos, que probablemente recordemos, es:

$$\log (a \times b) = \log a + \log b.$$

Así, para multiplicar el producto de *a* y *b*, calculamos sus logaritmos y luego los sumamos. Después, encontramos el número que tiene como logaritmo dicha suma; ese es precisamente el producto *a* x *b*. Una vez que se calculan las tablas de logaritmos y se consultan en libros, el proceso es sencillo. Esta técnica fue crucial para los largos y tediosos cálculos que, por ejemplo, había que hacer en astronomía y navegación.

Obviamente, con el desarrollo de las calculadoras, los voluminosos libros han quedado sin uso, pero aún se pueden encontrar en algunas bibliotecas.

La persona a la que reconocemos la creación de los logaritmos es al matemático escocés John Napier (1550-1617).

Para entender brevemente el significado de lo que es un logaritmo, normalmente en su expresión también se escribe la base, es decir, escribiremos $\log_b a$ y diremos que es el "logaritmo de a en base b". Si un número $x = \log_b a$, significa que $b^x = a$. Así vemos que:

$\log_{10} 1 = 0, \log_{10} 10 = 1, \log_{10} 100 = 2,$

pues $10^0 = 1$, $10^1 = 10$ y $10^2 = 100$.

Como observamos en la serie anterior, los logaritmos en base 10 más fáciles de calcular eran los de las potencias de 10, es decir, 1, 10, 100, 1000… Vemos que estas crecen rápidamente, dejando demasiados números entremedias. Así, calcular $\log_{10} 50 = 1{,}34567$ se hace pesado, siendo, en cambio, notablemente muy fácil para las potencias de 10.

Parece, pues, adecuado buscar potencias que dejen menos huecos entremedias. Por tanto, podría ser apropiado utilizar como bases números muy próximos a 1, por ejemplo, 1,1, 1,01, 1,001… Obsérvese que para los números elegidos tenemos su regla de formación:

$$1{,}1 = 1 + \frac{1}{10},\ 1{,}01 = 1 + \frac{1}{10^2},\ 1{,}001 = 1 + \frac{1}{10^3}, \ldots$$

Utilizando estos números, que son fáciles de multiplicar, encontramos, por ejemplo, usando base 1,001:

$\log_{1{,}001} 1 = 0, \log_{1{,}001} 1{,}001 = 1, \log_{1{,}001} 1{,}002001 = 2,$
$\log_{1{,}001} 1{,}003003 = 3 \ldots$

Y, como se puede observar, vamos evitando, de principio, los huecos entre los números para los que queremos calcular sus logaritmos. Pero si vamos más allá vemos que:

$\log_{1{,}001} 2 = 693{,}49, \log_{1{,}001} 3 = 1099{,}16.$

Obtenemos, para distintas bases, la siguiente tabla:

Base b	1,1	1,01	1,001	...	1,0000001
$\log_b 2$	7,27	69,66	693,49	...	6931472,15
$\log_b 3$	11,5	110,41	1099,16	...	10986123,44

Así, parece que para estabilizar su valor y encontrar un patrón común deberíamos dividir el valor de los logaritmos de la segunda columna por 10, el de la tercera por 100, el de la cuarta por 1000 y el de la última por 10^7. Para la base eso precisamente corresponde a elevar a esas potencias. Tenemos así la siguiente tabla:

Base b	$1{,}1^{10}$	$1{,}01^{100}$	$1{,}001^{1000}$	...	$1{,}0000001^{10^7}$
$\log_b 2$	0,727	0,6966	0,69349	...	0,693147215
$\log_b 3$	1,15	1,1041	1,09916	...	1,098612344

Si vamos calculando estos valores de la base llegamos a que:

$1{,}1^{10} = 2{,}594$, $1{,}01^{100} = 2{,}7048$, $1{,}001^{1000} = 2{,}718146$
y $1{,}0000001^{10^7} = 2{,}718281693$.

Vemos que empieza a surgir un patrón, que es el número e.

Formalmente, el número e se define por un proceso de límite al infinito del siguiente modo:

$$e - \lim_{h\to\infty}\left(1+\frac{1}{n}\right)^n,$$

expresión encontrada por otra motivación por Bernoulli.

Así, se conoce e como la base natural de los logaritmos, que se denotarán por $1\text{n}\ a = \log_e a$.

Sobre la naturaleza de e podemos decir que, al igual que π, es un número irracional, hecho al parecer probado por Euler. Además, también es trascendente. Este último hecho fue probado por el matemático francés Charles Hermite (1822-1901).

Finalmente, concluir que los logaritmos y el número e permitieron ahorrar muchísimo tiempo cuando no se disponía de ordenadores. Cálculos necesarios para precisar las trayectorias de los astros del cielo o para la navegación de los barcos necesitaron de la ayuda de los logaritmos. No sabemos cómo sería el mundo actual si no se hubiese contado con una herramienta tan útil.

Una historia que me contó un amigo y la explicación de por qué la contamos

Esta historia me la contó un amigo expuesto, muy a su pesar, a las matemáticas. Primero contaré su relato y después hablaré de mis razones para contar su historia. Su historia, narrada en primera persona, dice así:

Me quiero comprar una casa pero, por supuesto, al menos yo, no tengo todo el dinero para comprarla *a tocateja*. ¿Qué hacer? ¡Ah, claro! Acudiré a mi banco y este me prestará el dinero que me hace falta.

Le digo, a un muy solícito empleado, que necesito que me preste unos 120 000 euros para comprarme mi casa, que está tasada en 150 000 euros. Tras muchas preguntas previas, me dice que a 25 años y a un interés fijo del 6% voy a tener que pagar… (espacio de tiempo en el que el solícito empleado introduce unos datos en el ordenador)… ¡Bien! 773,16 euros cada mes.

—Y eso, ¿de dónde sale?

—Bueno…, claro…, el Excel, la calculadora financiera… Además, aquí, en la escritura del préstamo hipotecario, puede ver una fórmula…

—¿Qué fórmula?

Leo lo siguiente: "Para calcular la cuota a mensual aplíquese:

$$a = \frac{C\,(i/12)}{1-(1+(i/12))^{-N}}\text{''}.$$

Evidentemente, se me han quitado las ganas de preguntar nada más. Apunto la bonita fórmula anterior y acudo a mi vecino, que es matemático. ¡Por fin va a servir para algo!, me digo.

Tras enseñarle la fórmula famosa, mi vecino me acompaña a una habitación donde... ¡pásmense! tiene una pizarra, y me dice:

—Aunque no me interesan mucho estos asuntos tan terrenales y prácticos, te ayudaré a entender lo que significa esta sencillísima fórmula.

Transcribo a continuación lo que me dijo pomposamente mi vecino, por si puede ser útil a alguien, aunque lo dudo:

"Imaginemos, vecino, que queremos adquirir una vivienda cuyo valor es de 150 000 euros y solicitamos un préstamo hipotecario de 120 000 euros a un banco (normalmente, puede prestarnos hasta el 80% del valor de la tasación de la vivienda). Tenemos una primera cantidad:

1. Importe total del préstamo: 120 000 euros (en general, una cantidad que llamaremos C).

Supongamos que, además, el banco nos presta esta cantidad a un interés anual del 0,06 (6%, más comúnmente) y que debemos devolver el importe y los intereses en un plazo de 25 años que debemos afrontar en cuotas mensuales.

Nuevamente, nos han aparecido nuevos conceptos, que procedemos a enumerar:

2. Interés: 0,06 o 6% (en general, escribiremos la letra i para denotar el interés).
3. Plazo: 25 años (en general, n).
4. Cuota mensual: a.

La cuota mensual, pago mensual o mensualidad es la cantidad que pagamos todos los meses y que en el plazo previsto nos lleva a devolver el importe total del préstamo más los intereses.

Calculemos ahora la cantidad que debemos devolver al banco.

Imagina, vecino, que el banco tuviese el capital de $C = 120\ 000$ euros a un interés compuesto mensual de $i/12 = 0{,}06/12$, veamos en qué se convertiría tras 25 años:

El *primer mes* obtendría: $C + C\ (i/12)$.

El *segundo mes*: $C + C\,(i/12) + [C + C\,(i/12)]\,(i/12) = C\,(1+ (i/12))^2$ (aquí he usado una fórmula que habrás aprendido en la escuela: el cuadrado de la suma es el cuadrado del primero más el cuadrado del segundo más el doble del primero por el segundo).

No es difícil calcular que al *tercer mes* obtendrá $C\,(1+ (i/12))^3$.

En general, tras *N meses* se obtiene $C\,(1+ (i/12))^N$.

En nuestro caso, como el periodo es 25 años, en meses será $N = 25 \times 12 = 300$ meses.

Así ya podemos calcular lo que obtendría el banco tras los 25 años a ese interés mensual; la cantidad sería $C\,(1+ (i/12))^N$, donde $C =$ 120 000 euros, $i = 0{,}06$ y $N = 300$.

Si usas una calculadora —yo haré el cálculo mentalmente— obtenemos:

535 796. ¡Casi 536 mil euros!, ¡nada más y nada menos!

Y esto es lo que deberíamos entregar al banco si solamente tuviésemos un plazo y devolviésemos el dinero tras 25 años".

En este momento me entró un sudor frío y pensé que quizá sería mejor vivir alquilado como hasta ahora.

Pero mi vecino continuó, con un tono sarcástico, del siguiente modo:

"Pero, tranquilo, nosotros devolveremos el dinero en cómodos plazos mensuales y también cada cuota debería rentar al banco al mismo interés.

Así, y siguiendo el mismo razonamiento anterior, la cuota *a* entregada el *primer mes* producirá en el periodo de *N = 300 meses*: $a\,(1 + (i/12))^{N-1}$.

La cuota entregada el *segundo mes*: $a\,(1 + (i/12))^{N-2}$.

El *tercer mes*: $a\,(1 + (i/12))^{N-3}$.

Y así sucesivamente hasta pagar el último plazo

Al final, estas cuotas habrán rentado al banco:

$a\,(1 + (i/12))^{N-1} + a\,(1 + (i/12))^{N-2} + \ldots + a$

Nuevamente, aparecen las matemáticas, en este caso las progresiones geométricas. La suma de todos los términos anteriores nos da:

$$a\,\frac{(1 + (i/12))^N - 1}{i/12}$$

Que, en nuestro caso, sustituyendo i por 0,06 y N por 300, *es* a x 692,99 que, igualado a 535 796, nos da que el pago mensual a debe ser:

$a = 773{,}16$ euros.

Esta es la cantidad que te señaló el empleado del banco, pero me centraré en la pregunta que me hiciste. De todo lo anterior y, generalizando, no es difícil deducir la fórmula que suele aparecer en los impresos del préstamo hipotecario:

$$a = \frac{C\ (i/12)}{1 - (1 + (i/12))^{-N}}$$

como queríamos demostrar".

Así, con contundencia, terminó y… casi, casi, me despierta[3].

Veamos ahora la razón de esta extraña historia dentro de este relato. De la fórmula $C\ (1 + (i/12))^{N}$, si hacemos $i = 1$ para simplificar y el periodo es de un único año, en este caso $N = 12$, entonces la fórmula se nos convierte en:

$$C\ (1 + (i/12))^{12} \approx 2{,}61 \cdot C.$$

Si en vez de un interés mensual pasamos a un interés diario, es decir, dividimos el periodo en 365 plazos:

$$C\ (1 + (i/365))^{356} \approx 2{,}71 \cdot C.$$

Si hacemos tender N hacia infinito llegaremos a nuestro ya viejo conocido número *e*. Además, esta definición del

3. ¡Ojo! Hay muchos tipos de préstamo. Aquí hemos hablado solamente a tipo de interés fijo, pero también hay más productos hipotecarios en el mercado. Por ejemplo, a interés variable, la cuota no va a ser siempre la misma (variando según determinados índices bancarios euríbor, IRPH de bancos o se permite no pagar cuotas inicialmente)… Hay otros factores a tener en cuenta, como el precio de la comisión de apertura de nuestro préstamo hipotecario, penalizaciones por cancelaciones parciales o totales…

número *e*, surgiendo como acumulación de intereses, es probablemente la principal razón para que se estudiase este sorprendente número. Ahora entenderá el lector por qué considero a *e* un número interesante.

Apéndice B: ¿por qué son mejores los hexágonos?

En esta sección justificaremos la afirmación de Pappus de que el teselado hexagonal es preferible al de otros polígonos regulares. Lo probaremos en dos partes. Primero veremos que, entre dos polígonos regulares con el mismo perímetro, aquel que contiene más área será el que tenga mayor número de lados; es decir, nos plantearemos un problema isoperimétrico. Finalmente, comprobaremos que los únicos polígonos regulares que teselan o embaldosan sin intersticios el plano son el triángulo equilátero, el cuadrado y el hexágono regular.

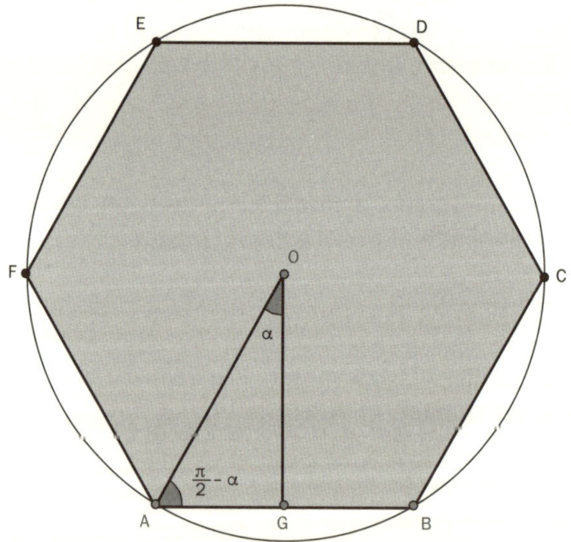

Estudiemos la primera parte. Para ello consideremos un polígono regular de *n* lados (en la imagen vemos un hexágono). Vamos a calcular su área y su perímetro en función del radio

r de la circunferencia que lo circunscribe. Llamemos x la longitud del segmento que une A con G, y la longitud del segmento que une G con O y α = ángulo (AOG). Entonces ángulo $(GAO) = \frac{\pi}{2} - \alpha$. Al ser el polígono de n lados se tendrá que $2n\alpha = 2\pi$ y, en consecuencia, $\alpha = \frac{\pi}{n}$.

Ahora, usando geometría elemental, llegamos a que el área y perímetro de un polígono de n lados es:

$$\text{Área} = \textit{Área}\ (n) = n \times \frac{1}{2} \times 2x \times y = nr^2 \operatorname{sen} \frac{\pi}{n} \cos \frac{\pi}{n}$$

$$\text{Perímetro} = \textit{Perím}\ (n) = 2nr \operatorname{sen} \frac{\pi}{n}.$$

Aquí, hemos utilizado que: $x = r \operatorname{sen} \frac{\pi}{n}$ e $y = r \cos \frac{\pi}{n}$.

Así, como ya vimos en el capítulo de la princesa Dido, la relación entre el área y perímetro será:

$$R\ (n) = \frac{\textit{Área}\ (n)}{\textit{Perím}\ (n)} = \frac{r}{2} \cos \frac{\pi}{n}.$$

Cuando el número de lados n se va haciendo más grande, el valor de $R\ (n)$ va creciendo. Podemos interpretar que cuantos más lados tenga un polígono, este englobará más área para un perímetro fijado, o de un modo dual, tendrá menor perímetro para un área fijada. Esta última es la interpretación que usan las abejas, prefiriendo los hexágonos a cuadrados, o triángulos equiláteros. Pero, con esta misma interpretación, ¿por qué las abejas no eligen octógonos o dodecágonos, ambos polígonos con mayor número de lados?

La razón es que solamente hay tres casos que pueden teselar, es decir, embaldosar sin dejar espacios vacíos, con polígonos regulares. Son precisamente los casos de triángulos equiláteros, cuadrados y hexágonos regulares. La demostración es sencilla. Imaginemos que se pueda teselar el plano con polígonos regulares y que, en cada vértice, confluyen N polígonos. Esto significa que los ángulos interiores de dichos polígonos deben ser iguales a $\frac{2\pi}{N}$: pero ya vimos anteriormente que el ángulo interior mide

$$2\text{ángulo } (GAO) = 2\left(\frac{\pi}{2} - \alpha\right) = \frac{\pi}{n}(n-2), \text{ pues } \alpha = \frac{\pi}{n}.$$

Como consecuencia, llegamos a que $\frac{2\pi}{N} = \frac{\pi}{n}(n-2)$

y, por tanto, $N = \frac{2n}{n-2} = 2 + \frac{4}{n-2}$.

Esta última relación fuerza que, al ser $\frac{4}{n-2}$ un número entero positivo, los únicos valores posibles sean 3, 4 y 6. Concluimos que las abejas lo hacen lo mejor posible si quieren mantener las dos condiciones, máximo valor de $R(n)$ y, además, que teselen el plano. ¡Bien hecho, abejitas!

Apéndice C: paseando por los puentes surge TikTok

En este apéndice vamos a contar uno de los innumerables problemas que resolvió Leonhard Euler. El río Pregolia atraviesa la ciudad prusiana de Königsberg (actualmente Kaliningrado en Rusia) y dividía la ciudad en un islote y tres extensiones de tierra distintas, una al norte, otra al este y otra al sur. Había en total siete puentes, dispuestos como se señala en la figura.

Los puentes conectaban las tres regiones terrestres y el islote central. El problema que se planteaban en la ciudad era el siguiente: ¿se puede encontrar un paseo desde un punto de la ciudad a otro atravesando exactamente una vez los siete puentes?

Se preguntarán aquí si estaban muy ociosos en la ciudad de Königsberg para preocuparse de estos temas, pero lo cierto que esta ciudad era en aquella época un importante centro cultural y científico, y el problema se propagó a modo de juego y de problema matemático.

Además, este problema no podía resolverse con las técnicas habituales del análisis y álgebra y requería un nuevo enfoque. Es claro que el tamaño de las terrenos o la longitud de los puentes es algo totalmente intrascendente para el problema planteado. Euler resolvió el problema demostrando que ese paseo pasando por todos los puentes una sola vez no puede existir. En vez de utilizar la fuerza bruta y trazar todas las opciones en el mapa, Euler utiliza un ingenioso procedimiento asociando al mapa anterior lo que se llama un grafo, cada terreno representa un punto (vértice) y cada puente una arista o lado como en la siguiente figura.

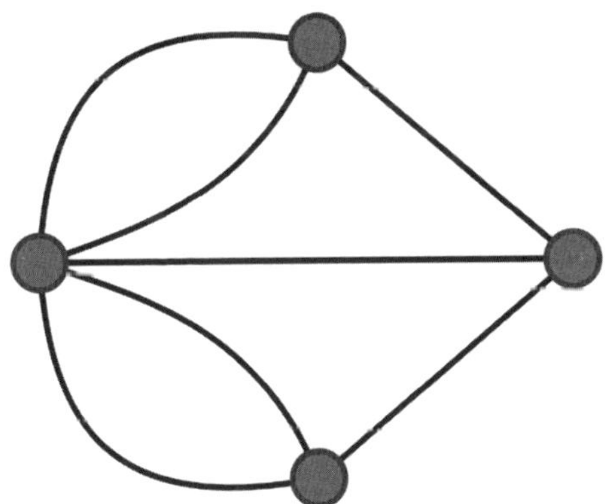

De este modo, el problema se reduce ahora en saber si existe o no un camino que comience por uno de los vértices y recorra todas las aristas una sola vez.

Euler utilizó el concepto de grado de un vértice, en la terminología moderna, es decir, el número de aristas que emanan de cada vértice. En el grafo correspondiente al problema de los puentes de Königsberg vemos que los grados son 5, 3, 3 y 3.

Pero los puntos intermedios de un recorrido (no el de salida y llegada) necesariamente han de estar conectados obligatoriamente por un número par de aristas. Esto es obvio si llegamos por un puente tendremos que salir por otro diferente. Esto significa obviamente que solamente el punto inicial y final podrían estar conectados por un número impar de líneas y por tanto que tanto el punto inicial como el final serían los únicos que podrían estar conectados con un número impar de aristas. Como los grados del problema inicial eran 5, 3, 3 y 3 esto es imposible.

De hecho, el problema se puede complicar y el razonamiento de Euler se puede usar en problemas más complejos; por ejemplo, se demostró que si los vértices tienen todos grado par se puede encontrar un circuito o ciclo euleriano (camino que empiece y termine en un mismo vértice recorriendo todos los vértices una sola vez). Si solamente hay dos de grado impar se puede encontrar un camino euleriano (camino que empieza en uno de los vértices de grado impar y termina en el otro pasando por todos los vértices una sola vez).

Este descubrimiento fue clave para comenzar un nuevo área de las matemáticas conocida como teoría de grafos. Su importancia en aplicaciones es evidente pues podemos pensar en un mapa de metro o de tren donde las estaciones representan vértices y las líneas de metro o de tren, las aristas del grafo conectando estaciones consecutivas. Otro ejemplo es internet, donde los vértices son todos los ordenadores conectados del mundo y las aristas son las conexiones directas entre ellos. También TikTok, la famosa red social, donde cada vértice es un usuario y las aristas muestran a quién seguimos. ¡Los usuarios de TikTok manejando una herramienta matemática!

En conclusión, extraer las propiedades de un grafo es importante y no solamente para pasear por los puentes de algunas ciudades.

Apéndice D: la topología o las 'matemáticas de la plastilina'

La topología es una de las ramas más recientes de las matemáticas y también se debe su origen a nuestro adorado Leonhard Euler (véase el capítulo 3), aunque su fundamentación completa tuvo que esperar a los siglos XIX y XX.

La topología estudia objetos que podemos deformar, pero no se admite pegar partes separadas ni producir desgarros, es decir, que es como si moldeásemos plastilina donde podemos deformarla con nuestras manos, estirando, contrayendo, retorciéndolo, pero sin romperlo. Una de los chistes típicos (friki, eso sí) sobre los topólogos es aquel que habla de su incapacidad para distinguir un rosquilla (donut o churro) de la taza de la café durante el desayuno. ¡Pobre dentadura del topólogo! Si los pensáramos ambos de plastilina, se podría deformar uno en el otro.

Volvamos a Euler y su fórmula relacionando vértices, aristas y caras de un poliedro. Recordemos que un poliedro es un sólido limitado por caras planas. Pues bien, Euler descubrió que si se suma el número de vértices y de caras y le resto el número de aristas siempre va a dar 2. Euler comprobó la fórmula para innumerables poliedros pero la prueba formal llegó con el trabajo de Cauchy, que lo relacionó con grafos planos (véase el apéndice C).

	NÚMERO DE VÉRTICES	NÚMERO DE ARISTAS	NÚMERO DE CARAS	V+C–A
Tetaedro	4	6	4	2
Cubo	8	12	6	2
Octaedro	6	12	8	2
Dodecaedro	20	30	12	2
Icosaedro	12	30	20	2

La característica de Euler es el ejemplo de invariante que estudia esta importante rama de las matemáticas, la tipología. De hecho, cuando veo jugar al fútbol siempre me quedo observando el típico balón.

Si contamos, vemos que está formado por 12 pentágonos y 20 hexágonos luego:

$$C = 12 + 20 = 32$$

$$A = \frac{12 \times 5 + 20 \times 6}{2} = 90$$

$$V = \frac{12 \times 5 + 20 \times 6}{3} = 60$$

Por tanto se cumple la fórmula $V + C - A = 60 + 32 - 90 = 2$. ¡Quizá el fijarme en estos detalles también explique mi escaso éxito jugando al fútbol!

Apéndice E: la fórmula más bella del mundo

$$e^{i\pi} + 1 = 0$$

La fórmula conecta algunos de los números más maravillosos e importantes que conocemos. Presentemos, en primer lugar, a los cinco protagonistas:

- 0 es un número que representa la ausencia de cantidad o el valor nulo. En nuestra notación posicional ocupa los lugares donde no hay cifra significativa. A diferencia del sistema de numeración romano en el que cada cifra se representa con símbolos diferentes, en el sistema indoarábigo tenemos 9 números y el 0 posicional y así con solamente 10 símbolos podemos expresar cualquier número. Es, sin duda, uno de los grandes inventos de la humanidad. Es la identidad para la suma en diferentes estructuras algebraicas (reales, complejos...). ¡Sin el 0 no somos nada! (Uff, esto parece contradictorio).

- 1 es el primer número natural. Todos los demás números se construyen sumando 1 al anterior. Es además la identidad de la multiplicación de diferentes estructuras algebraicas. En la vida real ya sabemos lo importantes que es ser el número 1.
- i, que representa los números imaginarios, es una raíz de la ecuación $x^2 + 1 = 0$. En concreto, es la raíz cuadrada de -1, y por tanto, $i^2 = 1$. Obviamente no es un número real, pues su cuadrado es negativo, pero nos permite ampliar los números reales a los números complejos del siguiente modo $z = x + iy$, con x e y números reales. Como hemos visto, surgen naturalmente al intentar resolver ecuaciones algebraicas. Las raíces de toda ecuación algebraica se pueden describir usando los números complejos, como comenzaron a analizar matemáticos italianos en el siglo XVI (Cardano, Bombelli...). Estos números los describió poéticamente Leibniz como "anfibios entre el ser y el no ser".
- e (ya presentado en el apéndice A). Leonhard Euler comenzó a utilizar la letra e para identificar la constante en 1727 que representa la base de los logaritmos naturales introducidos por John Napier. Como vimos en el apéndice A, tiene aplicaciones en las fórmulas del interés compuesto introducidas por Jacob Bernoulli. Su valor es 2,71828... Un truco para recordar sus cifras es aprenderse la siguiente frase: "Te ayudaré a recordar la cantidad". Obviamente el número de letras de cada palabra equivale a cada una de las cifras del número e.
- π (pi) (ya presentado en el apéndice A) es una constante que representa relación entre la circunferencia o perímetro de un círculo y su diámetro. Su valor comienza así 3,14159265358979... Para recordar estas primeras cifras de π podemos memorizar esta frase en inglés:

"How I want a drink, alcoholic of course, after the heavy lectures involving quantum mechanics". El día 14 de marzo (3-14) se celebra el día de π.

Pasemos ahora a probar la fórmula más bella del mundo. Primero Euler calculó la expresión de las potencias del número *e* con la siguiente expresión, en notación moderna:

$$e^x = 1 + x + \frac{x^2}{2\cdot 1} + \frac{x^3}{3\cdot 2\cdot 1} + \frac{x^4}{4\cdot 3\cdot 2\cdot 1} + \cdots = \sum_{r=0}^{\infty} \frac{x^r}{r!}$$

Sustituyendo x por ix y usando que $i^2 = -1$ obtenemos

$$e^{ix} = 1 + ix + \frac{(ix)^2}{2\cdot 1} + \frac{(ix)^3}{3\cdot 2\cdot 1} + \frac{(ix)^4}{4\cdot 3\cdot 2\cdot 1} + \frac{(ix)^5}{5\cdot 4\cdot 3\cdot 2\cdot 1} + \cdots$$

$$= 1 + ix + \frac{x^2}{2\cdot 1} + \frac{ix^3}{3\cdot 2\cdot 1} + \frac{x^4}{4\cdot 3\cdot 2\cdot 1} + \frac{ix^5}{5\cdot 4\cdot 3\cdot 2\cdot 1} + \cdots$$

$$= \left(1 + \frac{x^2}{2\cdot 1} + \frac{x^4}{4\cdot 3\cdot 2\cdot 1} + \cdots\right) + i\left(x - \frac{x^3}{3\cdot 2\cdot 1} + \frac{x^5}{5\cdot 4\cdot 3\cdot 2\cdot 1} + \cdots\right)$$
$$= cos\, x + isenx$$

Donde en la última expresión hemos utilizado expresiones como series de potencias de las funciones trigonométricas *senx* y *cosx* ya conocidas en tiempo de Euler. Por tanto, Euler llegó a la siguiente fórmula maravillosa:

$e^{ix} = cosx + isenx.$

¡Estoy por tatuármela!

Si sustituimos x por el valor π y, recordando cálculo de la ESO, obtenemos que

$e^{ix} = cos\pi + isen\pi = -1.$

¡La fórmula más bella del mundo!

A Stephen Hawking le dijeron que cada ecuación que contiene un libro divide las ventas en la mitad. ¡Viendo las caras del equipo editorial, creo que es mi obligación terminar aquí!

Bibliografía

ADAM, J. A. (2006): *Mathematics in Nature. Modeling Patterns in the natural Word*, Princeton University Press.

ARCHIBALD, R. C. (1949): "History of Mathematics after the Sixteenth Century", *The American Mathematical Monthly*, vol. 56, n.° 1, parte 2: "Outline of the History of Mathematics".

BABB, J. y CURRIE, J. (2008): "The Brachistochrone Problem: Mathematics for a Broad Audience via a Large Context Problem", *TMME*, vol. 5, n.° 2 y 3.

BARDI, J. S. (2007): *The Calculus Wars: Newton, Leibniz, and the Greatest Mathematical Clash of All Time*, Basic Books, Nueva York.

BOYER, C. B. (1945): "Historical Stages in the Definition of Curves", *National Mathematics Magazine*, vol. 19, n.° 6.

— (1986): *Historia de las Matemáticas*, Alianza Editorial, Madrid.

CARISSER, E. (1943): "Newton and Leibniz", *The Philosophical Review*, vol. 52, n° 4.

CONWAY, J. H. y GUY, R. K. (1995): *The book of numbers*, Copernicus, Springer-Verlag, Nueva York.

CÓRDOBA, A. (1999): "Por el giro de una aguja", *La Gaceta de la RSME*, n.° 2.

DUNHAM, W. (200): *Euler. El maestro de todos los matemáticos*, Nivola, Madrid.

DURÁN, A. J. (1996): *Historia, con personajes, de los conceptos del cálculo*, Alianza Editorial, Madrid.

— (2006): *El legado de las matemáticas: de Euclides a Newton: los genios a través de sus libros*, catálogo de la exposición, Sevilla.

— (2018): *Crónicas matemáticas. Una breve historia de la ciencia más antigua y sus personajes*, Crítica, Barcelona.

EKELAND, I. (2007): *The best of All Possible Worlds. Mathematics and Destiny*, University of Chicago Press.

EULER, L (1990): *Cartas a una princesa de Alemania sobre diversos temas de Física y Filosofía* [traducción publicada en la Universidad de Zaragoza].

GONZÁLEZ URBANEJA, P. M. (1992): *Las raíces del cálculo infinitesimal en el siglo XVII*, Alianza Editorial, Madrid.

GRABINER, J. V. (1983): "The Changing Concept of Change: The Derivative from Fermat to Weierstrass", *Mathematics Magazine*, septiembre.

HALES, T. C. (2000): "Cannonballs and Honeycombs", *Notices of the American Mathematical Society*, 47, pp. 440-449.

— (2001): "The Honeycomb Conjecture", *Discrete & Computational Geometry*, 25, pp. 1-22.

HILLDEBRANT, S. y TROMBA, A. (1990): *Matemáticas y formas óptimas*, Prensa Científica SA, Barcelona.

JOHNSON, N. P. (2004): "The Brachistochrone Problem", *The College Mathematics Journal*, vol. 35, n.° 3.

MAYOR, E. (1994): *e: The Story of a Number*, Princeton University Press.

MONTESDEOCA, A. (1998): "Las abejas utilizan ciegamente las matemáticas", *Apuntes de Geometría.*

NAHIM, P. J. (2007): *When Least Is Best: How Mathematicians Discovered Many Clever Ways to Make Things as Small (or as Large) as Possible*, Princeton University Press.

NEWTON, I. (2003): *Análisis de cantidades mediante series, fluxiones y diferencias, con una enumeración de las líneas de tercer orden*, Real Sociedad Matemática Española y SAEM "Thales".

ROBINSON, P. J. (1994): "Evangelista Torricelli", *The Mathematical Cazette*, vol. 78, n.º 481.

STEWART, I. (2008): *Historia de las matemáticas en los últimos 10 000 años*, Drakontos, Crítica, Barcelona.

THOMPSON, D'Arcy W. (1945): *On growth and form*, Cambridge University Press, Nueva York.

VON FRISCH, Karl (1973): *Decoding the Language of the bee*, conferencia para el Premio Nobel, 12 de diciembre.

WESTFALL, R. S. (1996): *Isaac Newton: una vida*, Cambridge University Press, Cambridge.

WHITMAN, E. A. (1943): "Some Historical Notes on the Cycloid", *The American Mathematical Monthly*, vol. 50, n.º 5.

Títulos de la colección ¿Qué sabemos de?

1. **El LHC y la frontera de la física.** Alberto Casas
2. **El Alzheimer.** Ana Martínez
3. **Las matemáticas del sistema solar.** Manuel de León, Juan Carlos Marrero y David Martín de Diego
4. **El jardín de las galaxias.** Mariano Moles Villamate
5. **Las plantas que comemos.** Pere Puigdomènech
6. **Cómo protegernos de los peligros de Internet.** Gonzalo Álvarez Marañón
7. **El calamar gigante.** Ángel Guerra Sierra y Ángel González González
8. **Las matemáticas y la física del caos.** Manuel de León y Miguel Ángel F. Sanjuan
9. **Los neandertales.** Antonio Rosas
10. **Titán.** María Luisa Lara
11. **La nanotecnología.** Pedro A. Serena Domingo
12. **Las migraciones de España a Iberoamérica desde la Independencia.** Consuelo Naranjo Orovio
13. **El lado oscuro del universo.** Alberto Casas
14. **Cómo se comunican las neuronas.** Juan Lerma
15. **Los números.** Javier Cilleruelo y Antonio Córdoba
16. **Agroecología y producción ecológica.** Antonio Bello, Concepción Jordá y Julio César Tello
17. **La presunta autoridad de los diccionarios.** Javier López Facal
18. **El dolor.** Pilar Goya Laza y María Isabel Martín Fontelles
19. **Los microbios que comemos.** Alfonso V. Carrascosa
20. **El vino.** María Victoria Moreno-Arribas
21. **Plasma: el cuarto estado de la materia.** Teresa de los Arcos e Isabel Tanarro
22. **Los hongos.** María Teresa Tellería

23. **Los volcanes.** Joan Martí Molist
24. **El cáncer y los cromosomas.** Karel H. M. van Wely
25. **El síndrome de Down.** Salvador Martínez Pérez
26. **La química verde.** José Manuel López Nieto
27. **Princesas, abejas y matemáticas.** David Martín de Diego
28. **Los avances de la química.** Bernardo Herradón García
29. **Exoplanetas.** Álvaro Giménez
30. **La sordera.** Isabel Varela Nieto y Luis Lassaletta Atienza
31. **Cometas y asteroides.** Pedro José Gutiérrez Buenestado
32. **Incendios forestales.** Juli G. Pausas
33. **Paladear con el cerebro.** Francisco Javier Cudeiro Mazaira
34. **Meteoritos.** Josep María Trigo Rodríguez
35. **Parasitismo.** Juan José Soler
36. **El bosón de Higgs.** Alberto Casas y Teresa Rodrigo
37. **Exploración planetaria.** Rafael Rodrigo
38. **La geometría del universo.** Manuel de León
39. **La metamorfosis de los insectos.** Xavier Bellés
40. **La vida al límite.** Carlos Pedrós-Alió
41. **El significado de innovar.** Elena Castro Martínez e Ignacio Fernández de Lucio
42. **Los números trascendentes.** Javier Fresán y Juanjo Rué
43. **Extraterrestres.** Javier Gómez-Elvira y Daniel Martín Mayorga
44. **La vida en el universo.** F. Javier Martín-Torres y Juan Francisco Buenestado
45. **La cultura escrita.** José Manuel Prieto
46. **Biomateriales.** María Vallet Regí
47. **La caza como recurso renovable y la conservación de la naturaleza.** Jorge Cassinello Roldán
48. **Rompiendo códigos.** Manuel de León y Ágata Timón
49. **Las moléculas: cuando la luz te ayuda a vibrar.** José Vicente García Ramos
50. **Las células madre.** Karel H. M. van Wely
51. **Los metales en la Antigüedad.** Ignacio Montero
52. **El caballito de mar.** Miquel Planas Oliver
53. **La locura.** Rafael Huertas
54. **Las proteínas de los alimentos.** Rosina López Fandiño
55. **Los neutrinos.** Sergio Pastor Carpi
56. **Cómo funcionan nuestras gafas.** Sergio Barbero Briones
57. **El grafeno.** Rosa Menéndez y Clara Blanco
58. **Los agujeros negros.** José Luis Fernández Barbón
59. **Terapia génica.** Blanca Laffon, Vanessa Valdiglesias y Eduardo Pásaro
60. **Las hormonas.** Ana Aranda
61. **La mirada de Medusa.** Francisco Pelayo
62. **Robots.** Elena García Armada
63. **El Parkinson.** Carmen Gil y Ana Martínez
64. **Mecánica cuántica.** Salvador Miret Artés
65. **Los primeros homininos.** Antonio Rosas
66. **Las matemáticas de los cristales.** Manuel de León y Ágata Timón
67. **Del electrón al chip.** Gloria Huertas Sánchez, Luisa Huertas Sánchez y José L. Huertas Díaz

68. **La enfermedad celíaca.** Yolanda Sanz Herranz y María del Carmen Cénit Laguna
69. **La criptografía.** Luis Hernández Encinas
70. **La demencia.** Jesús Ávila
71. **Las enzimas.** Francisco J. Plou
72. **Las proteínas dúctiles.** Inmaculada Yruela Guerrero
73. **Las encuestas de opinión.** Joan Font Fàbregas y Sara Pasadas del Amo
74. **La alquimia.** Joaquín Pérez Pariente
75. **La epigenética.** Carlos Romá Mateos
76. **El chocolate.** María Ángeles Martín Arribas
77. **La evolución del género 'Homo'.** Antonio Rosas
78. **Neuromatemáticas.** José María Almira y Moisés Aguilar
79. **La microbiota intestinal.** Carmen Peláez y Teresa Requena
80. **El olfato.** Laura López-Mascaraque y José Ramón Alonso
81. **Las algas que comemos.** Miguel Herrero y Elena Ibáñez
82. **Los riesgos de la nanotecnología.** Marta Bermejo Bermejo y Pedro A. Serena Domingo
83. **Los desiertos y la desertificación.** Jaime Martínez Valderrama
84. **Matemáticas y ajedrez.** Razvan Iagar
85. **Los alucinógenos.** José Antonio López Sáez
86. **Las malas hierbas.** César Fernández-Quintanilla y José Luis González Andújar
87. **Inteligencia artificial.** Ramón López de Mántaras y Pedro Meseguer
88. **Las matemáticas de la luz.** Manuel de León y Ágata Timón
89. **Cultivos transgénicos.** José Pío Beltrán
90. **El Antropoceno.** Valentí Rull
91. **La gravedad.** Carlos Barceló Serón
92. **Cómo se fabrica un medicamento.** María del Carmen Fernández Alonso y Nuria E. Campillo
93. **Los falsos mitos de la alimentación.** Miguel Herrero
94. **El ruido.** Pedro Cobo Parra y María Cuesta Ruiz
95. **La locomoción.** Adrià Casinos Pardo
96. **Antimateria.** Beatriz Gato Rivera
97. **Las geometrías y otras revoluciones.** Marina Logares
98. **Enanas marrones.** María Cruz Gálvez Ortiz
99. **Las tierras raras.** Ricardo Prego Reboredo
100. **El LHC y la frontera de la física.** Alberto Casas
101. **La tabla periódica de los elementos químicos.** José Elguero Bertolino, Pilar Goya Laza y Pascual Román Polo
102. **La aceleración del universo.** Pilar Ruiz Lapuente
103. **Blockchain.** David Arroyo Guardeño, Jesús Díaz Vico y Luis Hernández Encinas
104. **El albinismo.** Lluís Montoliu José
105. **Biología cuántica.** Salvador Miret Artés
106. **Islam e islamismo.** Cristina de la Puente
107. **El ADN.** Carmen Mora Gallardo y Karel H. M. van Wely
108. **Big data.** David Ríos Insua y David Gómez-Ullate Oteiza

109. **Verdades y mentiras de la física cuántica.** Carlos Sabín
110. **La quiralidad, el mundo al otro lado del espejo.** Luis Gómez-Hortigüela Sainz
111. **Las diatomeas y los bosques invisibles del océano.** Pedro Cermeño Aínsa
112. **Los bacteriófagos.** Lucía Fernández Llamas, Diana Gutiérrez Fernández, Ana Rodríguez González y Pilar García Suárez
113. **Nanomecánica.** Daniel Ramos Vega
114. **Cerebro y ejercicio.** José Luis Trejo y Coral Sanfeliu
115. **Enfermedades raras.** Francesc Palau
116. **La innovación y sus protagonistas.** Elena Castro Martínez e Ignacio Fernández de Lucio
117. **Marte y el enigma de la vida.** Juan Ángel Vaquerizo
118. **Las matemáticas de la pandemia.** Manuel de León y Antonio Gómez Corral
119. **Ciberseguridad.** David Arroyo Guardeño, Víctor Gayoso Martínez y Luis Hernández Encinas
120. **Pensar en español.** Reyes Mate
121. **La esclerosis múltiple.** Leyre Mestre y Carmen Guaza
122. **Por qué y cómo se hace la ciencia.** Pere Puigdomènech
123. **Nanotecnología para el desarrollo sostenible.** Pedro A. Serena Domingo
124. **Los coloides.** Rodrigo Moreno Botella
125. **De la micro a la nanoelectrónica.** José M. de la Rosa
126. **Las hormigas.** José Manuel Vidal Cordero
127. **Nuevos usos para viejos medicamentos.** Nuria E. Campillo, María Mercedes Jiménez Sarmiento y María del Carmen Fernández Alonso
128. **El Neolítico.** Juan F. Gibaja Bao, Millán Mozota Holgueras y Juan José Ibáñez
129. **Los superalimentos.** Jara Pérez Jiménez
130. **El vacío.** José Ángel Martín Gago
131. **Los robots y sus capacidades.** Elena García Armada
132. **Los alimentos ultraprocesados.** Javier Sánchez Perona
133. **Las vacunas.** María Mercedes Jiménez Sarmiento, Nuria E. Campillo y Matilde Cañelles
134. **Análisis de riesgos.** David Ríos Insua y Roi Naveiro Flores
135. **La salud planetaria.** Fernando Valladares, Xiomara Cantera y Adrián Escudero
136. **La contaminación lumínica.** Alicia Pelegrina López
137. **Origen y evolución de 'Homo sapiens'.** Antonio Rosas
138. **Física cuántica y relativista.** Carlos Sabín
139. **El plancton y las redes tróficas marinas.** Albert Calbet Fabregat
140. **El café.** María Dolores del Castillo y Amaia Iriondo
141. **La nanomedicina.** Fernando Herranz Rabanal
142. **Cómo se meten ocho millones de especies en un planeta.** Ignasi Bartomeus
143. **La vida y su búsqueda más allá de la Tierra.** Ester Lázaro Lázaro

144. **Inmunonutrición.** Ascensión Marcos Sánchez, Esther Nova Rebato, Sonia Gómez-Martínez y Ligia Esperanza Díaz Prieto
145. **Inteligencia artificial y medicina.** Miriam Cobo Cano y Lara Lloret Iglesias
146. **Cómo se comunican las neuronas.** Juan Lerma
147. **Megatsunamis.** Mercedes Ferrer Gijón
148. **Encuentros temporales entre astronomía y prehistoria.** Enrique Pérez Montero y Juan F. Gibaja Bao
149. **Cómo se comunican los animales.** Gonzalo M. Rodríguez Ruiz
150. **La ética de la inteligencia artificial.** Sara Degli-Esposti
151. **Nuestro sistema inmunitario.** Elena Campos Sánchez
152. **La ciencia y la cocina.** Marta Miguel Castro y Mario Sandoval Huertas
153. **Cementos y hormigones.** Francisca Puertas Maroto
154. **Al-Andalus.** Maribel Fierro
155. **El cerebro en movimiento.** José Luis Trejo y Coral Sanfeliu
156. **La vida al borde del abismo.** José T. López Gómez
157. **El VIH y el sida.** Sonia de Castro y María José Camarasa
158. **Incendios forestales.** Juli G. Pausas
159. **Arqueología subacuática y patrimonio marítimo.** Ana Crespo Solana
160. **Los bulos de la nutrición.** Miguel Herrero
161. **Los acúfenos.** Pedro Cobo Parra y María Cuesta Ruiz
162. **La vida social de las bacterias.** Manuel Espinosa Urgel
163. **Las pandemias.** Fernando Valladares
164. **La formación de los elementos químicos.** Enrique Nácher González y Sergio Pastor Carpi
165. **La crisis de los polinizadores.** Anna Traveset
166. **La economía circular.** Pablo del Río González, Christoph P. Kiefer, Ana M. Guerrero Bustos y Félix A. López Gómez
167. **La microbiota forestal.** Ana V. Lasa
168. **Micro y nanoplásticos.** M. Victoria Moreno-Arribas, Cinta Porte, Amparo López-Rubio y M. Auxiliadora Prieto
169. **Aceleradores de partículass.** Nuria Fuster Martínez y Daniel Esperante Pereira
170. **El aceite de oliva y la salud.** Javier Sánchez Perona